变电站工程
绿色施工技术与管理

主　编　斯建东
副主编　刘建生　程辉阳　许　剑

中国水利水电出版社
www.waterpub.com.cn
·北京·

内 容 提 要

变电站工程绿色施工是当前电力工程建设中的重要内容，对于电力行业绿色发展具有重要意义。本书共分10章，主要包括绿色施工概述、绿色施工管理、节水与水资源管理、节能与能源管理、节材与材料管理、节地与土地资源管理、环境保护、装配式变电站、智能变电站管控、新技术应用与施工技术创新。

本书适合电力企业或电力施工企业变电相关专业人员参考借鉴。

图书在版编目（CIP）数据

变电站工程绿色施工技术与管理 / 斯建东主编. -- 北京 : 中国水利水电出版社, 2023.12
ISBN 978-7-5226-2156-2

Ⅰ. ①变… Ⅱ. ①斯… Ⅲ. ①变电所－工程施工－无污染技术②变电所－工程施工－安全管理 Ⅳ. ①TM63

中国国家版本馆CIP数据核字(2024)第017864号

书　　名	变电站工程绿色施工技术与管理 BIANDIANZHAN GONGCHENG LÜSE SHIGONG JISHU YU GUANLI
作　　者	主　编　斯建东 副主编　刘建生　程辉阳　许　剑
出版发行	中国水利水电出版社 （北京市海淀区玉渊潭南路1号D座　100038） 网址：www.waterpub.com.cn E-mail：sales@mwr.gov.cn 电话：(010) 68545888（营销中心）
经　　售	北京科水图书销售有限公司 电话：(010) 68545874、63202643 全国各地新华书店和相关出版物销售网点
排　　版	中国水利水电出版社微机排版中心
印　　刷	清淞永业（天津）印刷有限公司
规　　格	184mm×260mm　16开本　8印张　195千字
版　　次	2023年12月第1版　2023年12月第1次印刷
印　　数	0001—1000册
定　　价	**69.00**元

本 书 编 委 会

主　　编　斯建东

副 主 编　刘建生　程辉阳　许　剑

编写人员　周　彪　蒋征毅　周昀飞　洪　健　蒋洪青

金博韬　蒋睿鹏　祝　刚　刘　新　杨剑勇

黄伟进　郑小剑　胡鹏宽　王庆福　黄江李

何　辉　郑康康　童晗昕　王高翔　倪　鑫

邵　林　杨医旭　张誉凡　张屹修　刘田野

黄俊鹏　张　炜　童志超

序

绿色施工是一种新型施工方式，通过实施节能、节材、节地、节水、环境保护等措施，实现建筑施工过程中各种资源的高效利用和环境保护。国内外对绿色施工的研究不断深入，证明了其在保障生态环境和经济社会可持续发展方面的重要作用。

践行绿色施工，铸造美好生活。国网金华供电公司为更有针对性地解决现场施工实际问题，积极响应国家电网有限公司《变电站绿色施工指引 2.0》文件精神，坚持体现变电站绿色建造与绿色施工在项目管理中的重要性，大力弘扬自力更生、自强不息、自主创新、自我奉献的“老浙西”电力精神，弘扬“应干必干，干必干好”的务实作风，拿出“见红旗就抗、见第一就争”的精神气质、血性勇气，实操实干，苦练技能，争当电网建设的“金字招牌”，发挥优势、扛旗争先，为更快打造浙中枢纽型新型电力系统示范区贡献变电力量，走出一条生态优先、绿色发展之路。

在变电站绿色施工的实践中，需要对施工过程进行全面规划、组织与管理，制定绿色施工评价体系，建立科学的节水、节能、节材、节地等措施。同时，需要实现环境污染物的有效控制与处理，如施工噪声、光污染、水污染、大气污染、扬尘等。同时，近年来装配式变电站的应用逐渐增多，通过采用装配式钢结构、装配式墙板、小型预制构件施工等，实现施工周期的缩短和质量的提高。智能变电站管控中，应用智慧工地、基建系统和三维施工技术，提高了施工的效率和安全性，对于绿色施工的实现具有重要意义。《变电站工程绿色施工技术与管理》一书集聚众智，对此进行了全面总结，包含着一线技术管理人员的智慧和经验。

希望本书的出版能为变电施工工程项目和专业人员提供技术借鉴，为绿色施工在电力行业的推广应用提供有益帮助。让“绿色”成为电力高质量发展的底色！

国网金华供电公司总经理 党委副书记

斯建东

前言

变电站作为电力运转的重要节点，其建设和运行对于保障电网的安全、稳定运行起到了至关重要的作用。随着环境形势越来越严峻，环境保护越来越重要，绿色建造与绿色施工逐渐成为电力工程建设中的一项重点管理工作。为突出绿色建造和绿色施工在变电站中的指导意义，更大限度发挥其导向作用，金华送变电工程有限公司组织编写《变电站工程绿色施工技术与管理》一书，旨在介绍变电站绿色施工的实践与探索，分享在建设过程中采取的各种绿色施工措施和经验。

本书由斯建东担任主编，共分为10章，第1章主要介绍变电站绿色施工的概念及原则、核心、国内外发展状况和效益分析；第2章系统地介绍了变电站绿色施工组织与管理、策划、评价体系及评价标准；第3章详细介绍了变电站建设中节水与水资源管理的典型经验与做法；第4章、第5章详细介绍了施工过程中节能与能源管理、节材与材料管理等相关方面的实践成果；第6章、第7章介绍了施工用地的策划与布置、土地的绿化与复耕、环境保护等方面的典型经验与做法；第8章、第9章分析了变电站绿色施工的具体项目——装配式变电站及智能变电站两大新概念的具体运用；第10章盘点了目前变电站建设中的新技术应用与施工技术创新，展望了今后变电站绿色施工中的施工技术及应用的发展方向。

本书编写人员均为一线技术管理人员，编写内容贴近现场实际，针对性强，实用性高，希望本书能帮助更多电力工程建设的从业者更快速、系统地了解电力工程绿色施工技术，为变电站建设施工孕育更多的技术性人才，同时也为广大读者能深入了解变电站绿色施工的意义与价值提供重要技术和方向。

本书由张弓审阅，提出大量宝贵意见，在此表示感谢。本书编写过程中得到诸多领导及同事的支持与帮助，使内容得到改进与充实，在此一并表示衷心的感谢。

由于编者水平有限，书中难免存在不妥和错误之处，恳请读者批评与指正。

编者

2023年10月

目 录

第1章 绿色施工概述

1.1 绿色施工的概念及原则

1.1.1 绿色施工的概念

建筑业是国民经济的支柱行业，涉及许多相关行业的发展，对国民经济发展有举足轻重的作用。随着我国城镇化进程的不断加快和人们对居住条件的要求不断提高，建筑行业飞速发展。然而，建筑活动作为人类作用于自然生态环境最重要的生产活动之一，对自然资源的消耗也十分巨大。建筑物不仅占用自然土地和空间，建筑材料的生产、加工、运输以及建成后维持功能所必需的资源，建筑在使用过程中产生的废弃物的处理和排放等更是对生态环境产生极大影响。据统计，建筑能耗占全社会能耗的比例为30%～40%。随着全球环境气候的不断恶化，自然环境保护问题已然从以往的边缘问题成为了世界讨论的焦点，对建筑工程施工的绿色化要求也越来越高。因此，需要着眼于以往建筑施工中存在的各种不良问题表现进行深入分析，让建筑行业向着节能减排和绿色化方向发展。

绿色施工是指在工程建设中，保证质量、安全等基本要求的前提下，通过科学管理和技术进步，最大限度地节约资源，减少对环境造成负面影响的施工活动，实现节能、节地、节水、节材和环保，即“四节一环保”。绿色施工是实现建筑领域资源节约和节能减排的关键环节，它并不仅仅包括在工程施工中实施封闭施工，没有尘土飞扬，没有噪声扰民，在工地四周栽花、种草，实施定时洒水等内容，更涉及可持续发展的各个方面，如生态与环境保护、资源与能源利用、社会与经济的发展等内容。

绿色施工的目的不单单是完成工程建设。与传统施工管理相比，绿色施工除注重工程的质量、进度、成本、安全之外，更加强调减少施工活动对环境造成的负面影响，更加注重经济发展与环境保护的和谐、人与自然的和谐，充分体现了可持续发展的基本理念。因此，在进行施工活动的过程中，参与各方应始终将如何实现“四节一环保”作为施工组织和管理中的主线，从材料的选用、机械设备选取、施工工艺、施工现场管理等各个方面入手，在成本、工期等合理的浮动范围内，尽量采用更为节约、更为环保的施工方案。

绿色施工采用的技术就称作绿色施工技术。绿色施工技术并不是独立于传统施工技术的全新技术，而是用“可持续”的眼光对传统施工技术进行重新审视，是符合可持续发展战略的施工技术。从材料方面来讲，就是要采用节能环保的材料，比如使用早强混凝土、泡沫混凝土、高强钢筋等绿色节能的典型材料；施工场地布置和现场也要采用封闭的管理，比如现场临时设施定型化管理，办公室采取装配式活动板房，所有板房进行定型化的设计，工地所有封闭管理都是定型化的围墙；场地内部要环保卫生，比如采取一些防止扬尘措施，在工地的封闭围墙上安装喷淋系统，每天定时喷洒水头，降低工地四周围墙的灰尘。在绿色施工技术的带动下，建筑企业能转变自己的发展思维，把绿色施工技术应用到公司发展理念中，不仅可以降低企业成本，而且建设工程所在地的环境和气候不会受到施工的影响。

1.1.2 绿色施工的原则

1. 以人为本的原则

建筑物最终的服务对象是人，是为人们提供生活和工作的场所。所以在建筑施工时要遵循以人为本的原则。绿色施工应把关注资源节约和保护人类生存环境作为基本要求，把人的因素放在核心位置，关注施工活动对生产生活的负面影响，提高生命质量。

2. 环保优先的原则

在人类生存环境日渐恶劣之际，生产活动应做到“尊重自然，保护自然，还原自然”，在绿色与经济发生冲突时，优先考虑绿色环保，降低环境生态负荷。在实施阶段要保证做到节水、节地、减少能源消耗和污染物的排放，以及对副产品的再利用等，尽量降低对生态环境的影响程度。

3. 资源高效利用的原则

为降低施工过程中对自然生态环境的影响，提高对原材料的利用效率，进而减少施工过程中产生的各种污染，需要革新施工理念和提升施工技术，因而绿色施工就是要通过使用可以促进生态良性循环、节水、节能、节地和减少污染的施工技术，达到对施工所造成的环境影响的最小化控制。坚持在工地生产中节约资源，利用好天然资源，开发再生能源。利用科技手段，让建筑垃圾变废为宝，重新使用于生产。

4. 精细施工的原则

建筑施工量大面广矛盾多，容易发生窝工、浪费现象。精细施工才能减少施工失误，减少返工，从而减少材料浪费。由于国内绿色施工的理念仍处于起步阶段，还没有搭建成比较完善的系统，为了让其能够完整体现，必须提升其自身的管理和技术水平。

1.1.3 变电站绿色施工的意义

根据国家统计局发布数据，2020 年全年，我国使用电量达到 74255 亿 kW・h，与 2019 年相比增长了 5.1%，且上升势头逐年增加。2020 年，全国发电量在 7000 万 kW・h 及以上的发电厂中，发电设备的使用时间平均为 3678h，与 2019 年相比减少 48h。其中，水力发电设备的使用时间为 3648h，与 2019 年相比增加了 121h；火力发电设备的平均使用时间为 4303h，与 2019 年相比减少了 79h。2020 年，全国新增建设发电厂 7 座，新增发电量 11368 万 kW・h，其中火力发电 5028 万 kW・h。新冠肺炎疫情过后，国家经济强力复苏，其中电力行业是经济复苏的重要组成部分。随着全社会用电量不断提升，变电站建设数量与日俱增，建设的规模、技术、维管等方面的标准、要求也不断提高，加强变电站建设项目绿色施工水平的评价及环境效益的评估，对于提高电力使用效能、确保电力工程绿色化也尤为重要。将绿色施工技术与电力工程相结合可以提高经济发展速度，减少电力行业对环境的污染，建设更好的生活环境，事关广大人民群众的切身利益。因此，可持续、无污染将是电力行业未来发展的必然方向。

(1) 有助于为国内绿色变电站施工评价提供理论内容和宝贵经验。目前变电站的研究理论和相关文献都十分丰富，但是关于绿色变电站的建设以及绿色施工评价的内容则十分稀少。将绿色施工应用于变电站的建设过程中，阐述其内容和准则，并建立符合我国变电站工程特点的一套绿色施工评价指标体系，可为今后绿色施工与变电站的结合打下牢固的基础和理论依据。

（2）为建立符合变电站工程特点的绿色施工评价指标体系提供参考。绿色施工评价的整体过程是十分复杂的，因为在评价过程中所需要制订的评价指标数量十分繁多，而且指标内容涉及很多其他专业性知识，是一种多阶段、多层次、全方面性的评价工作。目前，我国相对先进的绿色施工评价体系也无法科学有效地制订指标体系，进而导致其评价方法和评价过程往往也不是科学有效的，因而将绿色施工与变电站建设进行结合以及准确地进行绿色施工水平评价是一项十分困难的工作。根据具体施工案例总结变电站施工特点，将变电站工程与绿色施工相结合，可建立一套符合我国变电站工程特点的绿色施工评价指标体系，进而填补我国绿色变电站研究的空白，具有十分重要的意义。

（3）推动变电站工程沿着绿色、安全、环保、可持续的方向发展。变电站工程具备实现“四节一环保”的条件，变电站施工现场管理相对松散，现场管理人员往往不能做到每个环节都能层层把关，往往导致在绿色施工过程中影响工程绿色质量的因素被忽视，使致绿色变电站工程整体无法实现绿色、安全、环保、可持续等目标。将电力工程变电站项目与绿色施工相结合能使变电站更环保、变电站设备使用效率更高，进而减少不必要的资源浪费，进而推动变电站工程沿着绿色、安全、环保、可持续的方向发展。

1.2 绿色施工核心

（1）节能。所有新建建筑必须严格执行建筑节能标准，要着力推进既有建筑节能改造政策和试点示范，加快政府既有公共建筑的节能改造；要积极推广应用新型和可再生能源；要合理安排城市各项功能，促进城市居住、就业等合理布局，降低工业建设的能源消耗。具体措施包括：

1）制定合理施工能耗指标，提高施工能源利用率。根据当地气候和自然资源条件，充分利用太阳能、地热等可再生能源。

2）合理安排工序，提高各种机械的使用率和满载率，降低各种设备的单位耗能；优先使用国家、行业推荐的节能、高效、环保的施工设备和机具，优先考虑耗用电能的或其他能耗较少的施工工艺。

3）临时设施宜采用节能材料，墙体、屋面使用隔热性能好的材料，减少夏天空调、冬天取暖设备的使用时间及耗能量。

4）临时用电优先选用节能电线和节能灯具，照明设计以满足最低照度为原则，不应超过最低照度的20%。合理配置采暖、空调、风扇数量，规定使用时间，实行分段分时使用，节约用电。

5）施工现场分别设定生产、生活、办公和施工设备的用电控制指标，定期进行计量、核算、对比分析，并有预防与纠正措施。

（2）节地。在城镇化过程中，要统筹城乡空间布局，通过合理布局实现城乡建设用地总量的合理发展、基本稳定、有效控制，提高土地利用的集约和节约程度。城市集约节地的潜力应区分类别来考虑，工业建筑要适当提高容积率，公共建筑要适当提高建筑密度，居住建筑要在符合健康卫生、节能及采光标准的前提下合理确定建筑密度和容积率；要突出抓好集约和节约占用土地的规划工作。要深入开发利用城市地下空间，实现城市的集约用地。进一步减少变电站建设对耕地的占用和破坏。具体措施为：

1）临时设施的占地面积应按用地指标所需的最低面积设计。要求平面布置合理、紧凑，在满足环境、职业健康、安全及文明施工要求的前提下尽可能减少废弃地和死角，临时设施占地面积有效利用率大于90%。

2）红线外临时占地应尽量使用荒地、废地，少占用农田和耕地；利用和保护施工用地范围内原有的绿色植被。

3）施工总平面布置应做到科学、合理，充分利用原有建筑物、构筑物、道路、管线为施工服务。

4）施工现场道路按照永久道路和临时道路相结合的原则布置。施工现场内形成环形通路，减少道路占用土地。

5）深入开发利用地下空间。融合数字化和信息化技术手段赋能工程建设和管理，整体统筹和规划地下空间资源。通过将公共服务设备设施转到地下，增大人们在地面的活动空间，减少绿化面积的占用。

（3）节材。要积极采用新型建筑体系，推广应用高性能、低材（能）耗、可再生循环利用的建筑材料，因地制宜，就地取材。要提高建筑品质，延长建筑物使用寿命，努力降低对建筑材料的消耗。具体措施包括：

1）在满足结构安全、使用功能、耐久性等要求的情况下，选择材料消耗低的设计方案。比如采用高强钢和高性能混凝土以降低钢筋消耗，提高结构混凝土强度等级以降低结构自重等。

2）积极研究和开展建筑垃圾与废品的回收和利用。政府鼓励并支持有能力的企业独立解决和再利用建筑废料，将建筑废料回收的材料用于工程建设。

3）采用装配式建筑。办公室、宿舍、食堂等采用可重复利用的活动板房，在专门的构件生产场完成所需构件的批量化、标准化生产。生产时可以根据前期的构件设计来组织规范化的生产作业，从而避免构件质量不达标所引起的材料消耗。

（4）节水。水资源的节约和使用是“四节一排”的关键，要通过提前规划，抓好设计环节，执行节水标准和节水措施，合理布局污水处理设施，从而有效减少施工现场水资源使用并尽可能为水资源再生利用创造条件。具体措施包括：

1）提高污水再生利用率。通过检测水资源的使用，在建筑的底部层加设加压水泵，工地组织使用地下室抽出来的水源或者雨天工地收集起来的储备在地下蓄水池的雨水，用于施工用水或者混凝土养护等。

2）加强日常用水管理。明确现场用水须单独挂表计量控制等用水管理措施，安排专人定期对于现场各管道及节水器具进行巡查、维护，最大限度地减少水资源的浪费。

3）强化节水器具的推广应用。宿舍区采用节水龙头，淋浴、厕所部位全部采用脚踏式以及感应式冲洗设备，从使用设备上最大限度地降低用水。

4）大力宣传节水意识。定期组织培训，宣传节约用水管理规定和相关制度，鼓励各部门管理人员及现场施工人员做到用水随手关闭水龙头，对损坏的设备及时维修、更换。

（5）环保。扬尘、噪声和光污染是当前施工影响环保的三大焦点，要采取有效的节能环保措施，大力推广绿色施工技术应用，控制工程项目对周边居民生活带来的影响，保护生态环境。具体措施包括：

1）加强噪声控制。施工企业尽量选择低噪声、低振动的设备，运输材料的车辆进出现场时禁止鸣笛。现场加工材料设置隔音棚，非必须不要在夜间进行有噪声的施工作业，工人在装卸材料时轻拿轻放，尽量避免产出噪声。

2）加强现场光污染控制。室外使用大功率照明设置时，采用符合规范要求照度参数的灯具，照明时将灯光控制在施工区域内，不要对准周边居民的生活区域。夜间施工采取遮蔽发光、控制光照范围、间断错峰照明的措施，降低对施工现场周边居民正常生活的负面影响。

3）加强建筑垃圾控制。现场的建筑垃圾必须集中堆放、分类收集。尤其是不可回收的危险废弃物，现场设置专门的回收箱。

4）加强现场监控测量。施工企业必须高度重视场监测技术、现场环境参数检测技术的应用，倡导引用“十项新技术”等一系列措施。

1.3 国内外发展状况

1.3.1 国外绿色施工研究现状

国外，绿色施工通常出现于绿色建筑的研究中。20 世纪 30 年代，美国建筑业学者 R. Buckminiser Fuller 提出少消耗而多利用的原则，即对有限的物质资源进行充分、合理地利用，用以来满足人们的生存需要。1963 年，美国建筑学家 Victor Olgyay 通过总结第二次世界大战（以下简称“二战”）后十年中建筑师有效利用自然资源所创作的作品，提出独到见解：虽然从现象上看，二战之后城市重建与经济复苏的快速发展，使人们忽略了人与自然的矛盾，但是生态学在建设行业里仍在持续发展，并且呼吁人们关注人类生存环境的问题，他是首个将生态学、热力学等理论应用到建筑领域的建筑学家。与此同时，美国建筑师 Paola Soleri 创造性地把生态学（ecology）和建筑学（architecture）两词合为一体，提出生态建筑（arology）这一全新的概念，即绿色建筑。

20 世纪 70 年代，生态问题日渐深入人心，人们强烈地认识到不能再以环境为代价发展经济。这一时期，联合国首次召开了人类环境大会以及世界人类聚居大会，使得越来越多的学者关注建筑行业的生态环保问题，研制出各种节能新技术，开启了节能建筑的先锋。美国科学家 David A. Gottfried 在《绿色建筑技术手册：设计 施工 运营》一书中，阐述了绿色建筑的设计、建造、运营等各个环节，对绿色施工的技术和实施起到一定指导作用。1993 年，美国 Charles J. Kibert 教授提出了可持续施工的概念，强调在建筑的全生命周期里最大限度有效利用，减少建筑施工活动对环境的不良影响，充分考虑建筑在生命周期内对自然环境的影响效果。随着环保技术的成熟，在发达国家，环保理念已经融入了百姓生活，《建筑工程绿色施工评价标准》（GB/T 50640—2010）已经被广泛参考和使用。

在绿色施工评价方面，许多发达国家基于建筑全生命周期思想开发了自己的建筑环境影响评价体系。国外的绿色建筑评价体系主要有美国的LEED（能源及环境设计先导计划）、英国始创于1990年的BREEAM（英国建筑研究院环境评价法）、加拿大的GBC2000（绿色建筑挑战2000）。其中，美国绿色建筑协会于2000年制定的LEED2.0（能源及环境设计先导计划评定系统），被公认为世界上最绿色的建筑设计及施工先导体系。

1.3.2 国内绿色施工研究现状

中国政府自1992年参与了在巴西召开的联合国环境与发展大会以来，开始在国内推行绿色建筑。1994年5月发布的《中国21世纪议程》，是国内最先提及可持续发展战略的文件，也提出了在工程项目方面施行绿色操作的指南；2002年6月25日，国家质量技术监督局发布了关于室内装饰装修材料强制性标准的通知；2010年前，我国的一些企业和地方政府开始关注施工过程产生的负面环境影响的治理。

2003年，由于开始准备建设北京奥运会所用场馆，针对国家提出的“绿色奥运、科技奥运、人文奥运”的理念，建筑领域的绿色概念开始形成。《北京奥运会绿色建筑评价标准》是我国首次在建筑工程中使用绿色建筑评价标准，尽管该绿色建筑评价标准在一定程度上仅针对北京奥运会所用场馆进行使用，具有一定的局限性，但是为我国绿色施工及其评价标准系统的建立提供了大量经验和案例。2003年12月，北京奥组委成立了北京奥运会环境部并于同年颁布了《北京奥运会绿色建筑施工细则》，进而为北京奥运会各个场馆的建设提供了绿色施工保障，也对鸟巢、水立方等场馆的具体施工工艺和使用材料做出了详细的阐述。北京奥运会场馆建设是我国首次将绿色建筑施工细则和绿色建筑评价体系与实际建筑工程相结合，给我国今后发展适用于所有建筑的绿色评价体系打下坚实的基础。

2004年，国家启动了“绿色技术研究”计划，北京开始在国内首先推行实施绿色施工，一些企业开始了绿色施工的研究，先后取得了大批的技术成果。北京市住房和城乡建设委员会为控制和减少施工扬尘，增强了工地环境污染的治理和管理，规定从2004年起，北京的所有工地强制性实行全面绿色施工。接着，深圳发布了《深圳市建筑废弃物减排与利用条例》，力争降低生产中各种废物的产生量，提出建筑垃圾的回收和再生产要求，实行垃圾分类管理、集中处理。“十一五”期间，住房和城乡建设部以绿色建筑为切入点促进建筑行业可持续发展，组织中国建筑科学院和中国建筑工程总公司等单位开展绿色施工的调查研究。

2006年，我国发布了《绿色建筑评价标准》（GB/T 50378—2006），将绿色建筑的评价指标具体化，使得绿色建筑评价有了可操作的依据；2007年，推出了《建筑节能工程施工质量验收规范》（GB 50411—2007），首次提出了节能分部工程验收，促进了节能工程的发展。2007年，建设部发布了《绿色施工导则》，明确绿色施工的概念、总体框架以及施工的要点，是绿色施工较完善的指导性文件；2009年，我国政府提出要根据国情发展低碳经济、促进绿色经济的要求，并开始着手绿色办公及绿色工业建筑评价标准等相关工作的编制。2010年，住房和城乡建设部发布国家标准《建筑工程绿色施工评价标准》（GB/T 50640—2010），为绿色评价提供了依据。在施工现场声污染方面，执行《建筑施工场界环境噪声排放标准》(GB 12523—2011) 的规定。2011 年，住房和城乡建设部发布了《建筑工程可持续评价标准》(JGJ/T 222—2011)，为量化评估建筑工程环境影响提供了标准和依据。2014 年，《建筑工程绿色施工规范》(GB/T 50905—2014) 的颁发，为“四节一环保”的顺利实施提供了可靠保障。2015 年，浙江省建筑行业协会和浙江省工程建筑质量管理协会共同出版了《浙江省建筑业绿色施工示范工程》，为施工企业的绿色施工创建了案例范本，在保证质量、安全的前提下有效节约资源，保护环境，减少污染，取得显著的经济效益和社会效益，起到较好示范作用。2016 年中央提出建设美丽中国的口号，大力倡导污水、大气治理，推广节能生产，提高建筑节能要求，推广绿色建筑和建材。2013 年，温州市住房和城乡建设委员会发布了《关于建筑工程室内外污废水排放管理的若干规定》，并于 2015 年开展了温州市建筑工地扬尘专项整治。绿色施工研究现状见表 1-1。

表 1-1 绿色施工研究现状

年份	文献	内容
1995	《中国 21 世纪发展指导纲要》	指导纲要中首次提出绿色施工概念，并且指出可持续绿色发展的新理念
2002	《中国建筑绿色施工技术评估手册》	首次提到以环保为核心内容的评价体系，总体核心思想绿色可持续
2003	《关于建筑工程变电站绿色施工规范》	电力工程变电站项目施工过程中应将绿色可持续发展战略贯穿整个变电站的建设过程
2004	《北京奥运会绿色建筑评价标准》	首次以首体奥运场馆项目为实例进行绿色建筑评价标准的应用
2004	《北京奥运会绿色建筑施工细则》	首次将绿色建筑施工细则和绿色建筑评价体系与实际建筑工程相结合
2005	《绿色施工技术指南》	结合我国建筑施工特点而产生的首部十分详细的施工技术指南
2007	《绿色施工评价指南》	首次阐述对建筑项目绿色施工水平的评价指南
2010	《绿色施工评价标准》	使绿色施工评价体系有了既科学又权威的依据
2015	《绿色建筑评价标准》	标志着我国绿色建筑评价标准达到了国际绿色建筑评价标准的先进水平

2021 年 3 月，国家电网有限公司(以下简称“国家电网”)发布“碳达峰、碳中和”行动方案，并提出将以“碳达峰”为基础前提，“碳中和”为最终目标，加快推进能源供给多元化、清洁化、低碳化，能源消费高效化、减量化、电气化。2021 年 4 月，为落实国家电网“碳达峰、碳中和”行动方案，国家电网后勤部印发《国家电网有限公司关于绿色智能建筑建设的指导意见》，要求强化办公节能减排，助力发展绿色智能建筑，实现各单位生产运营场所绿色低碳、智慧高效。

1.3.3 变电站绿色施工研究现状

在建设绿色变电站过程中有两个基本原则：第一，绿色变电站在使用阶段应不影响变电站电力设备在设备寿命期间的使用和使用效率；第二，变电站在建设过程中每个阶段的工艺技术和使用材料都应该采用环保的方式。2016 年 8 月 27 日，广东汕头 360kV 变电站工程进入试行阶段，该变电站项目是我国首次将绿色智能数字化控制技术运用于变电站的项目建设中，其建设工艺和建筑材料都选取了环保节能型材料。数字智能控制与绿色变电站的有效结合，为今后电力工程变电站项目采用绿色施工方法提供了宝贵的成功经验。

2021年，国网浙江省电力有限公司依托智慧基建平台，深化大数据应用，构建了基于碳排放量的电网绿色建造评价体系，并推出电网基建工程“绿建码”。“绿建码”是以电网基建大数据为核心，通过分析电网工程设计、施工、交付等多个维度要素，考虑各要素权重，量化赋分后形成的红黄绿三色码。项目管理单位可根据生成的“绿建码”，结合工程建设全过程数据，分析影响碳排放的因素，并精准制订节能减排策略。目前，“绿建码”作为工程建设的绿色低碳标签，已应用于浙江电网所有在建的500kV工程，实现了对工程建设全过程节能控碳效力的量化评估，为促进工程建设节能减排提供数据支持。

2022年国网浙江省电力有限公司构建了绿色、智慧、高效物资采购体系，将生产企业的绿色制造体系认证、环境管理体系认证和绿色创新情况纳入中标条件。在评标专家评分细则中，这些“绿色要素”被首次赋分，发挥绿色采购策略导向，引导企业降低产品能耗。

1.4 绿色施工的效益分析

绿色施工不仅给企业带来了技术层面的创新，同时也带来了诸多的效益。由采用绿色施工措施所带来的效益称为绿色施工效益，根据种类不同划分为直接效益和间接效益，具体关系如图1-1所示。

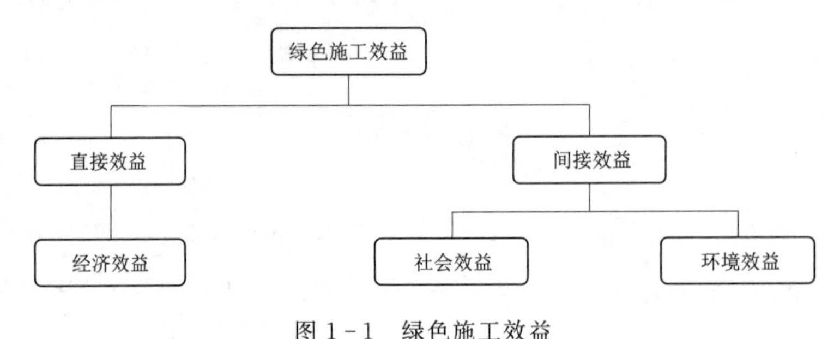

图1-1 绿色施工效益

1.4.1 社会效益

从社会效益来看，包括提高施工管理的精细化水平、提高施工企业对绿色施工的积极性以及对周边居民的影响程度的变化等。

国家为了保护环境制定颁布了一系列的环境保护措施和法规。如《中华人民共和国环境信息公开条例》《中华人民共和国生态文明建设纲要》《中华人民共和国固体废物污染环境防治“十二五”规划》《中华人民共和国环境保护“十三五”规划》《世纪绿色工程规划》等。而在建设项目对资源配置和利用方面，因为人类生产的无限发展和自然资源的有限性已经构成了现代生产中不可避免的矛盾，节约资源已经成为全球共同的目标。

项目节能设计由于改善了施工的环境，使人的疾病发生率大幅度下降。生存质量提高了，人的寿命也会延长，这也是一种“节约”。况且，降低能耗后，整个资源环境都会得到改善，搞好建筑节能就等于增加煤炭产量，等于建设电站，也为治理环境污染、保护人民身体健康提供了保证。

1.4.2 经济效益

经济效益即采取绿色措施后，将节约的资源进行量化分析，这部分可以通过直接计算得到，具体有节能经济效益、节水经济效益、节地经济效益、节材经济效益四部分。

首先是成本的下降。绿色施工的要求是通过一定的技术手段降低资源的浪费，同时提高资源的使用效率，减少了项目中对于建筑原料、电力、水资源的浪费，提高了资源的利用率。新资源新技术的使用能够有效提高项目施工的效率，减少人员的使用，缩短项目工期，降低项目的时间成本。

其次，政府的补贴。绿色施工的要求满足了国家提倡的绿色环保的主题。在一些绿色施工的新技术或项目上，国家会给予一定的补偿和奖励。对绿色施工单位的贷款开辟绿色通道，减免或降低贷款的利息，从而促进企业绿色施工的积极性。绿色施工是人与环境和谐相处，满足了当前人们的生活需求，获得了人民群众的好感，得到社会认可。不仅减少了项目的潜在风险，对项目的口碑宣传和项目销售工作有着推动作用。

绿色建筑项目工程的出现主要是为了解决我国在建筑行业投入经费过多，同时又在一定程度上破坏了生态环境的问题。然而研究发现，在当前的绿色建筑项目工程中，经费投入确实有所减少，但是经济发展水平没有明显的飞跃，对于我国经济市场的发展没有预期中的作用。同时，环境效益方面也存在很多问题，绿色建筑项目工程的发展基础是生态环境，在绿色建筑项目完工后，当地的环境效益不增反减。虽然绿色建筑项目工程主要是利用当地的能源与资源，但是在前期的经费投入还是比较多的，在后期对绿色建筑项目的养护工作方面则没有充足经费来维持。

第2章 绿色施工管理

2.1 绿色施工组织与管理

绿色施工组织一般通过工程绿色施工组织设计进行体现；绿色施工管理则是解决和协调绿色施工组织设计和现场关系的一种管理。

2.1.1 绿色施工组织设计

绿色施工组织设计是用来指导绿色施工项目全过程各项活动的技术、经济和组织的综合性文件，是施工技术与施工项目管理有机结合的产物，它能保证工程开工后施工活动有序、高效、科学、合理地进行。绿色施工组织设计的复杂程度因工程的具体情况差异而有所不同，其所考虑的主要因素包括工程规模、工程结构特点、工程技术复杂程度、工程所处环境差异、工程施工技术特点、工程施工工艺要求和其他特殊问题等。

2.1.2 绿色施工管理参与各方的职责

绿色施工组织的核心是各个参与方，绿色施工管理的参与方主要包括建设单位、设计单位、监理单位和施工单位，由于各参与单位角色不同，在绿色施工管理过程中的职责各异。

（1）建设单位。建设单位作为施工组织的核心，其职责对于绿色施工至关重要，要合理组织各类建设资源，协调各方关系，实现建设目标。在编写工程概算和招标文件时，应明确绿色施工的要求，并提供包括场地、环境、工期、资金等方面的条件保障；向施工单位提供建设工程绿色施工的设计文件、产品要求等相关资料，保证真实性和完整性；建立工程项目绿色施工协调机制。

（2）设计单位。按国家现行有关标准和建设单位的要求进行工程绿色设计；协助、支持、配合施工单位做好建筑工程绿色施工的有关设计工作。

（3）监理单位。对建筑工程绿色施工承担监理责任；审查绿色施工组织设计、绿色施工方案或绿色施工专项方案，并在实施过程中做好监督检查工作。

（4）施工单位。施工单位是绿色施工实施的主体，应组织绿色施工的全面实施；实行总承包管理的建设工程，总承包单位应对绿色施工负总责；总承包单位应对专业承包单位的绿色施工实施管理，专业承包单位应对工程承包范围的绿色施工负责；施工单位应建立以项目经理为第一责任人的绿色施工管理体系，并制订绿色施工管理制度，保障负责绿色施工的组织实施，及时进行绿色施工教育培训，定期开展自检、联检和评价工作。

2.1.3 绿色施工管理的主要内容

绿色施工管理主要包括组织管理、规划管理、实施管理、评价管理、人员安全与健康管理等五个方面。组织管理是绿色施工实施的机制保证；规划管理和实施管理是绿色施工管理的核心内容，关系到绿色施工的成败；评价管理是绿色施工不断持续改进的措施和手段；人员安全与健康管理则是绿色施工的基础和前提。

（1）组织管理。绿色施工组织管理主要包括：绿色施工管理目标的制定；绿色施工管理体系的建立；绿色施工管理制度的编制。

（2）规划管理。绿色施工规划管理主要是指绿色施工方案的编写。绿色施工方案是绿色施工的指导性文件，绿色施工方案在绿色施工组织设计中应单独编写一章。在绿色施工方案中应对绿色施工所要求的“四节一环保”内容提出控制目标和具体控制措施。

（3）实施管理。绿色施工实施管理是指对绿色施工方案实施过程中的动态管理，重点在于强化绿色施工措施的落实，对工程技术人员进行绿色施工方面的思想意识教育，结合工程项目绿色施工的实际情况开展各类宣传，促进绿色施工方案各项任务的顺利完成。

（4）评价管理。绿色施工的评价管理是指对绿色施工的效果进行评价的措施。按照绿色施工评价的基本要求，评价管理包括自评和专家评价，其中自评管理要注重绿色施工相关数据、图片、影像等资料的制作、收集和整理。

（5）人员安全与健康管理。人员安全与健康管理是绿色施工管理的重要组成部分，其主要包括工程技术人员的安全、健康、饮食、卫生等方面，旨在为相关人员提供良好的工作和生活环境。

2.2 绿色施工策划

绿色施工的重点在于其绿色环保的特点，因此在编制方案的过程中，一定要将“绿色”作为指标的核心，例如某项内容是否能符合绿色的标准，或者有多大比重接近绿色的标准，这是制订指标时需要考虑的重中之重，所有指标的建立都应该围绕着这个中心进行。在此基础上建立符合要求的指标，以最大可能的代表性、准确性和有效性建立绿色施工评价过程中的评价指标。以下从降低消耗、控制环境污染的负荷和施工过程的管理三个方面，详细阐述指标建立。

（1）降低消耗，包含了能源和资源两个方面，主要从节约利用土地资源、能源消耗的节约和利用、材料节约和利用、水资源节约和利用四个方面的准则层进行分析。再对准则层进行细化，可以分为施工总平面的策划，土地资源和土壤的保护，节约使用水、电、燃油，材料节约、就近取材、节水等指标层。

（2）控制环境污染的负荷，包括了四个方面的准则层，即大气、水、噪声和垃圾的控制产生；再对准则层进行细化，可以分为扬尘管理、废弃排放管理、生活污水管理、设备噪声污染管理、垃圾减量化处理等。

（3）施工过程的管理，包括了四个方面的准则层，即施工人员安全和健康、施工周边协调管理、施工规划和实施、企业环境管理水平。对准则层进行细化，可分为施工安全管理、卫生防疫管理、施工人员生活环境管理、地下设施保护、绿色施工制订、绿色施工技术创新等指标层。

2.3 绿色施工评价体系

2.3.1 国外绿色施工评价体系

绿色施工理念最早出现在西方发达国家，经过较长时间的发展和完善，这些国家的绿色建筑评价指标体系设立基本完备，并经过了市场的检验，具有很强的可操作性和指导性。英国、美国和日本这三个国家所提出开发的评价体系见表2-1，对于我国在此项领域的发展有相当的借鉴意义。

表2-1 国外主要绿色施工评价体系

评价体系	特点	建筑类型	评价内容	评价结果
BREEAM	首个绿色评价体系	写字间、住宅、医院等	材料、能源、交通污染、土地资源、水资源等	及格、一般、良好、优秀
LEED	商业价值最大的绿色施工评级体系	新式小区、写字间、政府大楼	可再生能源利用率、室内污染率、建筑位置、空气污染等	砖石、白金、金、银、通过
CASBEE	有相关科学依据的绿色施工评价体系	全部类型的建筑	建筑选址、室内装修、施工技术、建筑环保率、建筑效益率	不及格、及格、良、优

1. BREEAM

该体系是世界上首个绿色建筑评价体系，同时也是首个应用于市场和政府管理上的评价系统，由英国建筑研究院环境开发所提出，主要是为了能为绿色建筑的实施提供可行性的建议和方法，从而使这项行动对世界各地的不良影响达到最低化。最初的BREEAM只适用于新建的建筑，设定的目的在于尽可能提高其使用性，并将其施工过程中对周边区域的影响不断降低。后续该评价体系又有了多个版本的发展，从最初的只针对办公建筑发展为全面关注工业建筑、商业建筑、住宅等多类别建筑，其评价理念也随着体系的推广对世界各国评价体系的建立产生了深远的影响。

BREEAM的评价方式是依据建筑自身的特征来明确获取相关的参数值，主要有全局问题和资源使用、局部问题、室内问题。评价办法是给出评价体系的主要评价内容（包括其性能、设计和管理各项指标预计的最高分值），接着再给他们下一级的每个项目设定分数以及所占比重，根据建筑自身的特征获取相应的分数后，计算得到最终结果，最后再依据得分结果从低到高依次划定为及格、一般、良好、优秀，见表2-2和表2-3。

表2-2 BREEAM指标权重表

评价指标	材料	能源	交通污染	土地资源	水资源	建筑选址	适宜居住度
权重	0.1	0.2	0.05	0.15	0.1	0.2	0.2

表 2-3　**BREEAM 评价结果表**

BREEAM 级别	及格	一般	良好	优秀
分数	215～375	375～510	510～665	＞665

2. LEED

LEED 由美国绿色建筑委员会在 20 世纪 90 年代提出，是基于成熟的技术水平，并在进行技术评判的前提下，选取高超技术和优质的材料，对建筑进行一体化设计推广和绿色评级，从而达到绿色建筑在市场上普及和具有竞争力的目的。该体系尤为重视市场对绿色建筑的促进作用。随着该评价体系的不断完善和发展，陆续又出现了很多新的版本，对于不同类的建筑都有各自的评价细则，评价体系更加完善，指标选择更加全面，市场适用度更高。

LEED 主要从 6 个方面对绿色建筑进行评估。LEED 没有采用权重系统，根据 6 个评估指标确定相对应指标的分值和比重，在前提条件满足后，累加所有子项的对应分数得到评估总分。最后根据分数高低，给出钻石、白金、金、银四个评估等级。

3. CASBEE

CASBEE 是日本国家级建筑环境评价标准，CASBEE 的目标是实现可持续社会，通过评价建筑物和建筑物群的环境性能，促进建筑物绿色化和节能减排。CASBEE 评价标准分为建筑物评价和建筑物群评价两个部分。建筑物评价包括 8 个项目，分别为节能性、室内环境、建筑外观、结构与材料、水资源、废弃物、交通、管理。建筑物群评价则包括 11 个项目，比建筑物评价多了社会性项目。

CASBEE 评价的结果以“CASBEE 评价等级”来表示，共分为 5 个等级，由高到低分别为 S、A、B、C、D。S 级为最高等级，D 级为最低等级。CASBEE 评价等级的评定是基于能耗、室内环境、使用寿命、建筑物的经济性和环境性能等多个方面的综合评估。通过 CASBEE 评价，建筑业和相关行业可以更好地实现可持续发展。

2.3.2　国内绿色施工评价体系

我国对于绿色建筑评价相关的研究起步较晚，基于其他国家在此领域的研究进展，我国根据发展情况也陆续推出了相应的评估体系，具有代表性的主要有：GBTOOL、中国生态住宅技术评估、《绿色建筑评价标准》(GB/T 50378—2019) 和绿色奥运建筑评估体系 (GBCAS) 等。

1. GBTOOL

GBTOOL 旨在为建筑能耗评估和优化提供科学的方法和标准。该评价体系基于国内外建筑节能标准和法规，结合了现有的建筑节能评价体系，包含了建筑能耗、环境性能、可持续性等多个方面，是国内建筑节能评价的重要参考。

GBTOOL 评价体系主要包括建筑节能评估、绿色建筑评价和可持续性评价 3 个部分。其中，建筑节能评估主要涉及建筑能耗、热舒适性、采光、通风等方面；绿色建筑评价主要涉及建筑材料、建筑环境、水资源利用等方面；可持续性评价主要涉及建筑的社会、经济和环境效益等方面。

GBTOOL 评价体系的主要特点包括科学性、实用性、可操作性。评价体系基于国内外建筑节能标准和法规，具有科学性；同时，评价体系易于使用，具有实用性和可操作性，可以为建筑师、工程师、开发商提供全面的建筑节能解决方案，实现节能减排、绿色建筑和可持续发展的目标。

2. 中国生态住宅技术评估

20世纪末期，我国为了推广生态住宅概念，召集相关人才针对此整理撰写了第一本具有本国特色的体系，即《中国生态住宅技术评估手册》（中国建筑工业出版社，北京，2001），自此开始进入了这项领域的探究。这本书明确地提出了相应的标准以评定绿色生态住宅，从而使市场能达到统一的标准，从建筑起始的规划、到其中的设计以及最终所需达到的水平都进行不断地提升，在过程中不断改良，沿用新方法，达到社会、环境、经济相统一。该书出版发行以后，立刻运用到了相关的项目评定，获得了广泛人员的赞赏。

《中国生态住宅技术评估手册》主要从小区环境规划设计、能源与环境、室内环境质量、小区水环境、材料与资源5个评价方面，见表2-4。体系依据定性定量原则，将评价指标分为4级，4级指标依次为：上述的5个方面，将前者详细分类成下一级，下一级又为前一级的拓展，最后为详细的施工方法。如此设定全面考虑了设计指导和性能评价的统一性，其目的是便于指标的增减和修改，使其具有更好的适用性。

针对于体系的定级标准，若5个评价方面都可以超过60分，则认为该小区为生态绿色住宅，若分数超过70分，则可对单独每一项进行评估。

表2-4　　中国生态住宅技术评估方式

评价系统	具体内容	分值
小区环境规划设计（100分）	住区位置选址	20分
	住区所处交通	10分
	有利于施工的规划	10分
	住区绿化	15分
	住区空气质量	10分
	降低噪声污染	10分
	日照与采光	10分
	改善住区微环境	15分
能源与环境（100分）	建筑主体节能	35分
	常规能源系统的优化利用	35分
	可再生资源	15分
	能耗对环境的影响	15分
室内环境质量（100分）	室内空气质量	15分
	室内热环境	10分
	室内光环境	10分
	室内声环境	10分
	室内空气质量客观评价	15分
	未遭否决基本分数	40分

续表

评价系统	具体内容	分值
小区水环境（100 分）	用水规划	12 分
	给水排水系统	0 分
	污水处理与利用	17 分
	雨水利用	8 分
	绿化与景观用水	14 分
	节水器具和设施	9 分
	未遭否决基本分数	40 分
材料与资源（100 分）	使用绿色建材	30 分
	就地取材	10 分
	资源再利用	15 分
	住宅室内装修	20 分
	垃圾处理	25 分

3.《绿色建筑评价标准》

《绿色建筑评价标准》由建设部于 2006 年 3 月颁布实施，是我国第一次为绿色建筑的内涵、要求和评判标准进行了统一的规定，对于该领域的指导和发展有十分重要的价值。

《绿色建筑评价标准》主要用于住宅、办公、商业、公共建筑等的绿色评估。从建设项目节约土地、能源、水分、材料以及这四方面资源的利用，室内环境质量和运营管理等 6 大方面评价建筑全生命周期综合性能。

上述 6 大指标可按控制项、一般项和优选项划分成三类。在此分类中，第一类被认为是其前置必须具备的类目；第二类主要针对于高难度高标准项目；第三类在相同的项目中，还可以依据具体情况提出相应的需求。

4. GBCAS

绿色是 2008 年北京奥运会一大主题，在科技部、北京市政府牵头下，由 9 家单位合作对这一领域进行了研究，共用时 1 年零 2 个月，完成了 GBCAS。

该体系将奥运建筑分为规划设计、详细设计、施工以及调试验收和运行管理这 4 个不同的过程进行评定，评价指标包括建筑环境品质与服务、环境负荷和资源消耗、建筑环境品质与服务、人的安全与施工品质等。依据每个阶段在建筑中所起作用，各自赋予权重系数，根据建设项目的复杂程度，上述四个一级评价指标可分解为若干二级指标，二级指标又细分为三级指标，权重系数也可根据不同情况进行分级。

该评估体系在参考日本的 CASBEE 体系和美国 LEED 体系的基础上，选择 Q（quality，即质量）和 L（load，即环境负荷）两个指标。Q 指建筑环境质量和为使用者提供服务的水平；L 指能源、资源和环境负荷的付出。根据这两项指标的占比不同进行最终得分计算，从而获得评估对象的“绿色水平”。评价结果见表 2－5。

表 2 - 5　　评价指标及权重

阶　段	Q/L	一级评价指标	权重
第一阶段：规划设计阶段	Q 建筑环境品质与服务评价	场地质量	0.15
		服务与功能	0.45
		室外物理环境	0.40
	L 环境负荷和资源消耗	对周边环境的影响	0.35
		能源消耗	0.35
		材料与资源	0.10
		水资源	0.20
第二阶段：详细设计阶段	Q 建筑环境品质与服务评价	室外环境品质	0.10
		室内物理环境	0.30
		室内空气质量	0.35
		服务与功能	0.25
	L 环境负荷和资源消耗	对周边环境的影响	0.05
		大气污染	0.10
		能源消耗	0.40
		材料与资源	0.30
		水资源	0.15
第三阶段：施工过程	Q 人的安全与施工品质	人员安全与健康	0.70
		工程品质	0.30
	L 环境负荷与资源消耗	对周边环境的影响	0.55
		能源消耗	0.15
		材料与资源	0.20
		水资源	0.10
第四阶段：调试验收与运行管理	Q 建筑环境品质与服务评价	室外环境品质	0.10
		室内物理环境	0.20
		室内空气品质	0.15
		服务与功能	0.20
		绿色管理	0.35
	L 环境负荷和资源消耗	对周边环境的影响	0.10
		能源消耗	0.30
		水资源	0.15
		绿色管理	0.45

5. 其他评价体系

国内一些学者对绿色施工的评价体系进行了相关课题研究，如陈晓红在参考 CASBEE 和 GBCAS 的基础上，在具体绿色施工指标评分时将评估条例分为 M 和 L 两类，将两者综合起来对工程的施工进行“绿色”评分；杜楠用施工企业管理、资源利用、人员健康与安全、环境负荷四大类评价指标，建立了绿色施工评价模型；李建国将评价指标体系分为管理规范性、实施有效性两大类，基于BP人工神经网络建立绿色施工评价模型；李惠玲、李军等在分析绿色施工的影响因素后，构建能源与资源利用、施工环境影响、施工企业综合管理、技术支持四大类指标，得到评价施工项目的聚类向量模型，评价其绿色施工等级。绿色施工评价体系研究现状见表2-6。

表2-6　绿色施工评价体系研究现状

研究题目	评价指标	评价结果
《绿色施工与绿色施工评价研究》（陈晓红，2006）	M：管理绩效 L：环境负荷	A区：很少的环境负荷和优秀的管理品质，为绿色施工，定级为优。 B区、C区：尚属绿色施工，但施工中资源、能源与环境消耗太大，或管理品质太低，定级为良。 D区：高资源、能源和环境消耗，管理绩效不高，定级为合格。 E区：很多的资源、能源和环境付出，管理绩效低，定级为不合格
《绿色建筑与绿色施工评价研究》（杜楠，2006）	施工企业管理 资源利用 人员健康与安全 环境负荷	评价等级分为优（100分）、良（80分）、及格（60分）、不及格（0分）四个等级
《基于BP人工神经网络的绿色施工评价方法研究》（李建国，2007）	管理规范性 实施有效性	分值在［0，1］，表示对绿色施工综合评价的结果，分值越高表示该项目绿色施工管理和实施的水平越高
《基于灰色聚类法的绿色施工评价》（李惠玲，2012）	能源与资源利用 施工环境影响 施工企业综合管理 技术支持	建立三级指标，将工程进行A级、AA级、AAA级三个分类

2.3.3　绿色施工评价体系的构建

1. 目标与构建原则

（1）绿色施工评价体系目标。想要开展绿色施工，最重要的一个环节就是进行绿色施工的评价，即建立一个确定的评价标准和实现评价的方法，将施工过程对资源与环境的影响测算出来，用客观的测量量度和数据来表示绿色施工的水平，当建立了一定的标准和量度时，才能更加客观和准确地度量出绿色施工的水平，也容易从中发现施工的哪些环节有潜在的问题和不足之处，从而制订一定的改进计划，使施工过程更加完善和环保，争取达到较高的绿色施工水平，同时，能够提高施工管理方式和技术手段。绿色施工评价体系的目标是借助特定的研究手段和工具，评估施工的各个环节，找出不利于环境保护的内容，并以这些内容为研究对象，有针对性地提出改善方法，最终达到绿色施工的目标，将施工过程与环境保护紧密结合起来，充分实现可持续发展战略。

（2）绿色施工评价体系构建原则。

1）可操作性。可操作性是构建绿色施工评价体系的前提。绿色施工评价体系建立的目的就是为了以可持续发展的理念控制施工过程中的资源利用以及环境污染程度，具有指导性，评价体系的设立必须要保证贴合施工实际，能够对建筑施工提供有效的绿色施工指导。

2）客观全面性。客观全面性是绿色施工必须要遵循的重要原则。首先从客观性方面来说，只有保证实事求是，不弄虚作假，才能保证评价结果的真实可靠，才是一个负责的评价体系，从而得到负责的评价结果；其次从全面性方面来说，由于施工是一个较为庞大的过程，所涉及的内容也是多方面的，只有搞清楚这个复杂的过程，才能将所有影响因素都考虑在内，实现系统的、真实的评价，不会因为遗漏了一些内容而影响评价的有效性。

3）层次性。绿色施工评价是对整个施工过程的全面评价，构建金字塔形的框架才能形成一个完整的评价指标体系。要有原则性的评价指标，也要操作性的下级评价指标，不同层级之间相互呼应，相互关联，保持一致性。

2. 评价方法

在进行绿色施工评价时，先要收集一些相关的评价信息，通过对这些收集到的信息加以分析，得到评价结果。在收集和分析信息的过程中，工作人员的水平是影响评价的最主要的因素，评价结果是否能全面包含所需评价的内容，是否能准确表示出问题所在，这都与工作人员的知识背景、工作经验，以及对事物的认识情况息息相关。

在选择评价方法方面，通常会使用灰色聚类分析法进行评价，该方法的指导思想为灰色理论，具体来说就是通过“黑”“白”“灰”来分别表示缺乏的信息、充足的信息和介于两者之间的没有十分明确的信息，这时通过灰色系统就可以从充足的信息中开发出一些有价值的信息，通过信息的提取来描述和控制规律，最终得到一个较为准确和全面的评价结果。因此，使用灰色聚类分析法非常适合用于我国当前施工过程的评价。

3. 评价指标的构建

建立绿色施工评价体系应该首先从系统的外部属性入手，然后将评价体系按照绿色施工评价总目标的要求全面、科学、有效地分层次建立。绿色施工评价体系评价指标层次设定见表2-7。

表2-7　绿色施工评价体系评价指标层次设定

分目标层	准则层	指标层
降低能源与资源的消耗	土地节约与利用	施工总平面规划布置
		土壤保护
	能源消耗的节约与利用	电能的节约
		燃油的节约
		清洁、再生能源的利用
	材料节约与利用	绿色建材的使用
		就近取材
		材料节约
	水资源节约与利用	节水
		使用节水器具和设施
		废水的循环利用

续表

分目标层	准则层	指　标　层
控制环境负荷	控制大气污染	扬尘管理
		废气排放管理
	控制水污染	施工废水排放
		生活污水排放
	控制噪声污染	设备噪声污染
		噪声监测与降噪措施
	控制建筑垃圾产生	垃圾减量化处理
		垃圾回收利用
施工现场综合管理	施工人员安全与健康	施工安全管理
		人员卫生防疫管理
		施工人员生活环境管理
	施工周边协调管理	地下设施保护
		现场古树名木与文物保护
	施工规划与实施	绿色施工方案制定
		绿色施工知识培训
		绿色施工技术创新
	企业环境管理水平	通过 ISO14000 认证
		施工企业的环境管理体系

绿色施工突出可持续发展理念，即节能、节地、节水、节材和环境保护，然而可持续发展又不能忽视人和社会的作用，所以绿色施工也应包含现场环境的协调、人员的安全与健康等因素。

绿色施工评价体系评价指标的构建是一个相对较为复杂的过程，在确定指标层评估标准时，需要充分结合我国现行的施工规范、标准及地方性政策条例，将评价体系的指标进行量化处理，这样既减轻了工作量，又易于实际操作，同时可确保评估结果的准确性和权威性。

2.4 输变电工程绿色建造评价指标

为了与国家、行业主管部门开展的绿色建造评价指标相适应，国家电网结合输变电工程建设的模式、特点，编写了《输变电工程绿色建造评价指标体系》。输变电工程绿色建造评价指标包括绿色策划、绿色设计、绿色施工、绿色移交等四部分，通过对输变电工程各阶段的量化评价来客观衡量绿色建造执行效果，实现国网输变电工程绿色建造始终处于国内实质性领先地位。

绿色建造评价指标体系分为基础指标和优秀指标。其中基础指标按照检查得分率计算实得分（满分 100 分），并按照 90％的比例纳入最终得分；优秀指标为加分项，各专业累计加分不超过 10 分（超过 10 分的，按 10 分计），直接计入最终得分。

在评价表格设置上，绿色建造评价指标体系包括绿色建造评价申请表、绿色建造评价指标评分汇总表、绿色策划评分表、变电站工程绿色设计评分表、架空线路工程绿色设计评分表、电缆工程绿色设计评分表、变电站工程绿色施工评分表、架空线路工程绿色施工评分表、电缆工程绿色施工评分表、绿色移交评分表和优秀指标评分表共计 11 份表格，全面涵盖了输变电工程建设各阶段的评价要求。

在评价计分及等级分类上，输变电工程绿色建造评价指标具体计算方法如下：

（1）对变电站工程开展评价时，有

最终得分 S=（绿色策划评分表实得分×10%＋变电站工程绿色设计评分表实得分×35%＋变电站工程绿色施工评分表实得分×45%＋绿色移交评分表实得分×10%）×90%＋优秀指标评分表实得分（最多不超过 10 分）。

（2）对架空线路工程开展评价时，有

最终得分 S=（绿色策划评分表实得分×10%＋架空线路工程绿色设计评分表实得分×35%＋架空线路工程绿色施工评分表实得分×45%＋绿色移交评分表实得分×10%）×90%＋优秀指标评分表实得分（最多不超过 10 分）。

（3）对电缆工程开展评价时，有

最终得分 S=（绿色策划评分表实得分×10%＋电缆工程绿色设计评分表实得分×35%＋电缆工程绿色施工评分表实得分×45%＋绿色移交评分表实得分×10%）×90%＋优秀指标评分表实得分（最多不超过 10 分）。

当总得分 $S \geqslant 90$ 时，评为“优秀”；

当总得分 $80 \leqslant S < 90$ 时，评为“良好”；

当总得分 $70 \leqslant S < 80$ 时，评为“合格”；

当总得分 $S < 70$ 时，不评价。

输变电工程绿色建造评价指标评分汇总见表 2-8。

表 2-8　　输变电工程绿色建造评价指标评分汇总表

工程名称：

序号	指标项目	指标要求	实得分	基础权重	最终得分	等级
1	绿色策划（100 分）	绿色总体策划		10%		□优秀
		绿色设计策划				
		绿色施工策划				
		绿色移交策划				
		策划实施情况				
2	绿色设计（100 分）	总体设计		35%		□良好
		总平面设计				
		建筑设计				
		结构设计				

续表

序号	指标项目	指标要求	实得分	基础权重	最终得分	等级
2	绿色设计（100分）	给排水及消防设计		35%		□合格 □不评价
		暖通设计				
		电气一次设计				
		电气二次设计				
		建筑电气设计				
3	绿色施工（100分）	临建施工		45%		
		地基与基础工程				
		主体结构工程				
		装饰装修工程				
		机电安装工程				
		拆除工程				
		变电站电气施工一般规定				
		电力变压器、油浸式电抗器、油浸式互感器				
		气体绝缘金属开关设备				
		母线				
		构架及支架				
		电缆敷设				
		盘、柜、二次回路接线				
		电气试验				
4	绿色移交（100分）	绿色移交管理		10%		
		绿色建造效果评估				
5	优秀指标（10分）	技术创新		100%		
		科研获奖				
合　计						

检查组成员：

检查组组长：
年　　月　　日

第3章 节水与水资源管理

为应对日益严峻的水资源短缺、社会生态恶化等形势，促进社会走可持续发展、绿色发展道路，要把节水作为落实生态环境保护和高质量发展的重要举措，并号召全社会将这一精神贯彻到经济发展全过程和各领域之中。与此相适应，特结合节水行动方案，制定了三步走的节水计划，拟于 2025 年基本实现节水管理体系精细化，将万元工业增加值用水量较 2015 年降低 48%以上。

生态保护是一切发展的前提和基础，企业发展更不能远离社会需求。作为一个具有社会责任感的企业，为了对生态环境作出贡献，在施工中应以先进的节水技术和设备为科技支撑，切实响应工程节水减排号召，全面提升建设施工中的水资源节约利用水平。

3.1 施工用水

1. 施工用水的种类

施工用水包括机械用水、生活用水、消防用水三种，确定用水量分别根据以下几点考虑：

(1) 整个工地的机械设备每小时的耗水量，每台施工机械的最高施工消耗的水量。

(2) 根据生活区内的用水点和总的施工人数，实际的厕所用水和食堂用水、漱洗室用水等，确定实际的生活用水。

(3) 根据施工现场的需要，在每楼层均设有消防水出口，在工房、宿舍、办公等生活区内均设置消火栓或消防出口，再确定实际的用水量。

2. 施工用水量计算

结合工程的结构特征和工期要求、施工机械等，对工程用水量进行合理计算。

(1) 施工用水。按实际工作量计算，有

$$q_1 = k_1\ (\sum Q_1 N_1 K_2)\ /8 \times 3600 T_1 t$$

(2) 现场生活用水。按施工高峰计 788 人、每天每人 30L 用水量计算，有

$$q_2 = P_1 N_3 K_4 / 8 \times 3600 \cdot t = 1.15\ (\mathrm{L/s})$$

(3) 生活区施工用水。

$$q_3 = P_2 N_4 K_5 / (24 \times 3600)$$

(4) 消防用水 q_4 按 15L/s 计算，有

$$q_1 + q_2 + q_3 < q_4$$

(5) 总用水量按 q_4 计算。

【例】 凝土搅拌、养护用水量计划每班浇筑混凝土 $N = 100\mathrm{m}^3$，每立方混凝土耗水 $Q_1 = 400\mathrm{L/m}^3$。未预计施工用水系数 K_1 取 1.10，用水量不均衡系数 K_2 取 1.5，则混凝

土搅拌、养护用水量的计算公式为[1]

$$q_1 = (K_1Q_1NK_2)/(8\times3600) = (1.10\times400\times100\times1.5)/(8\times3600) = 2.30\ (L/s)$$

现场生活用水计算如下：

$$q_2 = 用水不均衡系数\times高峰人数\times用水定额/(每班天数\times8\times3600) = 300\times50\times1.4/(2\times8\times3600) = 0.37\ (L/s)$$

消防用水计算如下：

按占地面积 $8000m^2$ 发生一处火灾计算

$$q_3 = 10L/s$$

本工程用水流量为

$$q = q_1 + (q_2+q_3)/2 = 10 + (0.37+2.3)/2 = 11.34\ (L/s)$$

工程在实施之初就应建立水资源利用与管理的预算与汇报机制。将水资源的节约利用细化为三个方面，对不同种类的用水情况进行汇报申请。

第一方面为节水设备的统计情况，见表 3-1；第二方面为分区进行的用水统计，见表 3-2；第三方面为非传统水源的利用，包括基坑降水和施工过程水回收利用，见表 3-3～表 3-5。

表 3-1　　节水设备使用统计

序号	节水设备				
	名称	型号	功率	使用部位	产生效益
1					
2					
3					
…					

表 3-2　　项目用水记录

时间	水表编号	控制范围	主要用水单位	上次读数	本次读数	本次用水	累计用水	是否异常	抄表人
月　日									
月　日									
月　日									
…									

注：1. 按办公区、生产区分开设表监控用水情况。
2. 出现异常情况应及时进行分析，查找原因，制定措施，相关资料作为本表附件备查。

[1] 变电站节水技术及其应用研究，王浩，水资源与水工程学报。

表 3-3 基坑降水收集记录

时间	降水泵型号	功率	数量	降水时间	本次抽水量	收集的降水量	记录人

注：1. 根据泵的作业时间和功率计算抽水量。
2. 抽水期间注意对地下水的保护，注意抽水总量的控制，超过 50 万 m^3 时，应采取地下水回灌措施。
3. 收集的降水量通过设置在中水收集池中的标尺进行读取、计算。

表 3-4 雨水收集记录

序号	时间	收集范围	收集水量	记录人
1				
2				
3				
…				

注：收集水量通过设置在中水收集池中的标尺进行读取、计算。

表 3-5 中水回收再利用记录

序号	时间	本次用水量	累计用水量	利用方式	记录人
1					
2					
3					
…					

注：1. 用水量通过设置在中水收集池中的标尺进行读取、计算。
2. 中水回收再利用的方式可以为：绿化灌溉、路面扬尘控制、机械机具清洗、部分生活用水等。如作特殊用途，需要进行水质检测，达标后使用。

通过上述预估与统计表，在使用前就对水资源进行严格、细致、有计划地调配，并按照该申请进行严格执行，不但有利于变电站施工的明确及细化，还能最大限度地节约用水。

3.2 节水措施与现场管理

3.2.1 施工节水

施工节水有三层含义：一是减少用水量，二是提高水的有效使用效率，三是防止泄漏。

（1）明确提出控制超压出流的要求，以减少“隐形”水量浪费，促进科学、有效地用水，控制超压出流的有效途径是控制给水系统中配水点的出水压力。经调查研究，认为做好防超压应从以下几方面考虑：

1）应遵循规范，合理分区。《建筑给水排水设计标准》（GB 50015—2019）第 2.3.4 条规定：“高层建筑生活给水系统的竖向分区，应根据使用要求、材料设备性能、维修管理、建筑物层数等条件，结合利用室外给水管网的水压合理确定。分区最低卫生器具配水点处的静水压，住宅、宾馆、医院宜为 300～350kPa；办公楼宜为 350～450kPa”。对于一个具体工程来说，最佳给水分区压力值可以通过优化设计确定，必须考虑建筑物的层数、层高，水泵的性能，室外管网的压力。

2）供水方式建议采用水箱供水方式。在市政管网不能满足用户供水的情况下，尽量采用水箱供水方式。无论是水箱独立供水，还是各种联合水箱供水方式（如水泵-水箱供水方式、水池水泵供水方式等），它不但供水可靠，而且水压稳定，因而各配水点的压力波动很小，有利于节水。

3）设置减压装置。《建筑给水排水设计标准》（GB 50015—2019）第 2.3.4A 条规定：“建筑物内的生活给水系统，当卫生器具给水配件处的静水压超过本规范第 2.3.4 条规定时，宜采取减压限流措施。”除浴盆的流出水头为 5～10m 外，其他各用水配件的流出水头不超过 5m，因此进户压力 10m、最不利点压力为 5m 即可满足各住户要求，超过 10m 即形成超压出流。可在进户管处，水表前装设调压孔板或节流塞实施减压，减少超压出流量。而《建筑给水排水设计标准》（GB 50015—2019）要求：“分区最低卫生器具配水点处的静水压，住宅、宾馆、医院宜为 300～350kPa；办公楼宜为 350～450kPa”，大部分都超压。

（2）热水循环方式的选择，建议集中热水供应系统应保证干管、立管中的热水循环。就设计而言，热水循环方式的选择，是影响无效冷水量多少的主要因素之一。目前，《建筑给水排水设计标准》（GB 50015—2019）中提出了三种热水循环方式，即干管循环，立管、干管循环和支管、立管、干管循环，其中干管循环浪费水量最多。改变这种“先天不足”的现象，当前已成为最迫切的要求。

由于目前我国不少城市实施了计划用水，施工单位为控制用水，避免超标，正纷纷改造供水系统，采取多种有效的节水措施。虽然，采用支管、立管、干管循环方式最为省水，但受经济条件的制约，目前要求全部热水供应系统都采用这种供水方式还难以实现，但对多层定时供应热水系统采用立管、干管循环方式是有必要也是有条件做到的。为此建议设计集中热水供应系统时应保证干管、立管中的热水循环，有经济条件的可做到支管循环。

（3）废水再利用。建筑中水工程是节约用水的好措施，既保护了环境，又极大地提高了水资源的利用效率。建筑中水工程设计应做到安全使用、经济合理、技术先进。

（4）使用合格给水管件及配件、推广新型节水设备。由于存在管道及阀门泄漏的问题，应采用合格、合理的管材、阀门，给排水设计、施工等方面应严格把关，使用正规厂家的合格产品。

3.2.2 节水管理

明确节水的大方向外，回归工程，要在明确施工现场的用水情况后，对各部分水资源进水进行精细化节水及管理。

在施工前将自来水总水表按照现场用水的不同分类做好以下工作：施工区安装水表以

详记机械用水；生活区安装水表详记生活用水。

(1) 机械用水。混凝土养护是工程中必不可缺的一部分，但养护时直接用水管冲洗不仅不能够冲洗到位，还会使施工者无节制地使用水资源，造成本可避免的浪费。若在养护时在混凝土工程四周设置临时围栏，便可保证养护水的有效使用。此外，模板施工时，要严格按照含水率要求浇水湿润，施工车辆清洗时可采用泵抽循环水进行，地坪的施工也可采用蓄水养护的方式进行。还可以在现场设置排水沟、沉淀池、雨水收集井三位一体的收集雨水装置，充分利用自然降水、排水沟引水、沉淀池净水，完成对施工用水的补充。

(2) 生活用水。生活用水主要指受雇的施工者在建设工程期间的食住用水。以此为背景，在开始的宿舍建设中，就应当在保障施工人的基本需求之下，多角度加强水资源的合理利用。如全面配置节水型水龙头，厕所采用手拉式厕所水箱，浴室采用节水性更好的莲蓬头淋浴，实行定时定量供水等。此外，也要加大节约水资源的宣传教育，从思想上引导施工者人走水关、节约用水。

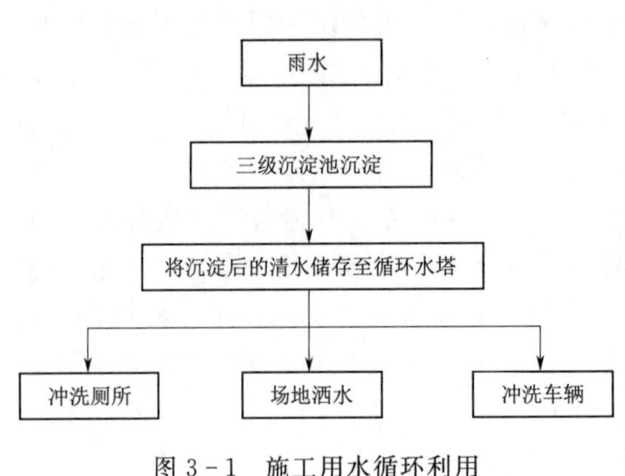

图 3-1　施工用水循环利用

(3) 施工用水循环利用。建立循环利用体系，安装循环水塔，利用三级沉淀池中的清水冲洗车辆、场地洒水、冲洗厕所，如图 3-1 所示。

除此之外，建立节水方案及奖罚制度，采用分表计量并制订用水指标，每月进行计量并进行分析管控，定期检查供水装置，派专人对各个水源进行检查，发现漏水现象及时修复。

3.3 水资源的利用

加强建筑施工工地水资源的综合利用是当今社会的热门话题。从合理规划到增强建筑工人的节水意识，再到技术改造，缺一不可。

(1) 合理规划，建设适合本工程的科学用水方案。在工程建设之初就结合施工场地的具体环境、多年降水状况的相关资料、建筑工程的地址情况、建筑施工工程的工期长短、建筑施工期内的降水预测、建筑施工工程的人员数量以及建筑工程所采用的施工方法和手段等情况科学合理地核算施工用水量以及可用水源数量，并在此基础上制订出一套合理的用水方案。该方案中应当包括集中收集水源的措施方法，对施工过程中产生废水的处理方法，同时还要包括蓄水池的大小、位置以及供水方式。此外，还要有建筑工地供水系统的布局、雨水、雨洪的处理方案以及施工场地的降尘方案等各个方面。

(2) 通过宣传提高建筑施工人员的节水意识。在建筑工程的施工过程中，要加强对建筑施工人员进行包括水资源与人类的关系、水资源的危机等方面的宣传和教育，不断加强建筑施工工地的用水控制和管理，进而提高建筑施工人员的节水意识。需要做到：①通过不断地宣传和教育，使建筑施工人员能够认识到水资源危机的严重性和紧迫性，从而使他们自觉地节约使用建筑工地的水资源，从更大程度上杜绝浪费水资源的现状；②通过建筑施工人员的具体行动将建筑工地的漏水、跑水、长时间流水以及冒水现象严格控制住，从而使水资源的利用效率大大提高，在一定程度上缓解我国水资源的短缺现状。

（3）加快建筑工程施工工艺的技术改造，从而减少水资源的使用。在当前时期，我国建筑工地上存在的严重的浪费水资源的状况，这在一定程度上是由建筑工程的施工工艺较为落后造成的。因此要在建筑施工过程中节约水资源就要加快建筑施工工艺和技术的改造，要积极开发与优化水资源配置相适应的技术体系和节水工程，并在建筑施工过程中积极推广先进的建筑施工技术和设备，建设一套管理水资源的硬件设施体系。同时，还要不断加快节水工程建设，积极开发新型的节水工程，比如中水的回收利用以及空中雨水等相关节水措施。

（4）其他节水措施。建筑工程施工最好是在靠近水源的地方，或者是地下水资源比较丰富的地方，这样可以将建筑工程中的工程降水排入附近的湖泊或低洼水池中，从而能够在很大程度上减少水资源的浪费，也可以减缓地下水位的不断降低。在建筑工程的施工工地上，可以将工程降水用于冲洗在工地进出的车辆，也可以用于混凝土的搅拌和养护施工现场等方面。除此之外，还可采用如下措施：

1）施工中采用先进合理的节水施工工艺。

2）现场机具、设备、车辆冲洗、喷洒路面、绿化灌溉等用水，优先采用非传统水源，尽量不使用市政自来水。现场砂浆搅拌用水、养护用水采取有效的节水措施，混凝土养护采取塑料薄膜覆盖、草包覆盖蓄水等节水措施。

3）施工现场供水管网根据用水量设计布置，管径合理、管路简捷，采取有效措施减少管网和用水器具的漏损。

4）现场机具、设备、车辆冲洗用水采用循环用水装置。施工现场办公区、生活区的生活用水采用节水系统和节水器具，节水器具配置比率达到100%。项目临时用水使用节水型产品，安装计量装置，采取针对性的节水措施。在水源处设置明显的节水标识。公共区域可采用人体感应水龙头，如图3-2所示。

图3-2 公共区域采用人体感应水龙头

5）施工现场建立可再生利用水的收集处理系统，使水资源得到梯级循环利用，如图3-3和图3-4所示。

6）施工现场应按施工区、办公区分别设置用水计量用表，分别对办公区用水与工程生产用水确定用水定额指标，并分别计量管理。

7）在签订分包合同时，将节水定额指标纳入合同条款，进行计量考核。

8）对砂浆搅拌区等用水集中的区域和工艺点进行专项用水量考核，施工现场建立基坑降水抽取的地下水等中水或可再利用的收集利用系统。

9）基坑降水阶段宜优先采用经水质检测合格的地下水作为混凝土养护用水和部分生活用水。

10）现场建立雨水收集利用系统，充分收集自然降水用于施工和生活中适宜的部位。

11）力争施工中非传统水源和循环水的再利用量大于40%。

12）在非传统水源和现场循环再利用水的使用过程中，应制订有效的水质检测与卫生保障措施，确保避免对人体健康、工程质量以及周围环境产生不良影响。

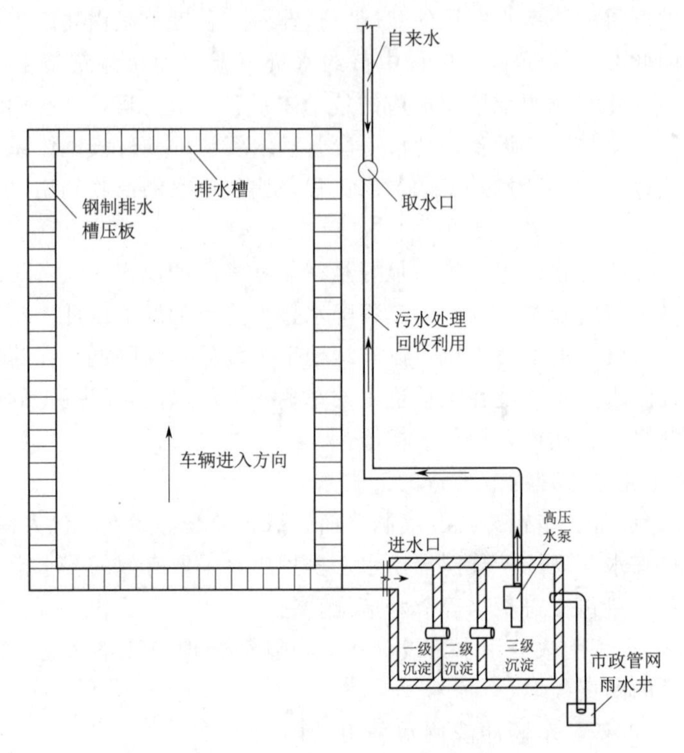

图3-3 雨水收集回收利用系统

图3-4 雨水收集标识

第4章 节能与能源管理

4.1 施 工 耗 能

变电站施工耗能是指建造变电站所需要消耗的能量，包括建筑材料和设备的生产和运输、建筑施工过程中的能耗、机械设备和人力的能耗等。以苏溪输变电工程 220kV（变电站部分）为例进行说明。

苏溪输变电工程 220kV（变电站部分）施工地点位于义乌市苏溪镇下屋村，南靠稠城街道、廿三里镇，东邻东阳市，北接大陈镇，西连后宅街道，浙赣铁路复线和 37 省道穿镇而过，是一个山清水秀、民风淳朴、源远流长的古镇。

除了对环境保护和绿色施工需求高的地理环境，工程的体量亦极大：站区围墙内用地面积 8191m^2，220kV 配电装置楼采用地上两层装配式建筑；建筑面积 1712.25m^2，建筑高度 17.15m，110kV 配电装置楼采用地上两层、地下一层装配式建筑，地上部分为钢结构，建筑面积为 1862.39m^2，建筑高度 15.50m。

工程拟装设 2 台 24 万 kVA 主变，终期规模 3×24 万 kVA。每台主变低压侧装设 1 组 6 万 kvar 低压电容器和 2 组 6 万 kvar 低压电抗器。220kV 出线终期 10 回，本期 8 回；110kV 出线终期 14 回，本期 5 回；10kV 出线终期 36 回，本期 24 回。

施工耗能是变电站整个生命周期中的一个环节，也是影响变电站能源效率的重要因素之一。因此，在变电站施工中采用节能措施，减少施工耗能，是提高变电站的能源效率，降低能源消耗和环境污染的不二之选。

此变电站施工的耗能主要包括以下几个方面：

（1）建筑能耗。变电站的建筑面积比较大，需要消耗大量的能源来进行建筑施工，例如运输材料、照明、空调、供暖等。

（2）设备能耗。变电站需要安装各种设备，例如变压器、开关设备、电缆等，这些设备在运输、安装、调试等过程中也需要消耗大量的能源。

（3）施工机械能耗。变电站施工需要使用各种机械设备，例如起重机、挖掘机、打桩机等，这些机械设备在使用过程中也需要消耗大量的能源。

（4）人力耗能。变电站施工需要人力进行各种操作和监督，例如工人、技术人员、监理人员等，这些人员在工作过程中也需要消耗一定的能源。

4.2 现场节能措施与管理

4.2.1 现场节能措施

总的来说，变电站的施工需要消耗大量的能源，但在施工过程中也可以通过采用节能措施来降低能耗，例如使用高效节能的机械设备、优化建筑设计、选择节能型材料等。在苏溪输变电工程220kV（变电站）项目中，通过以下措施来降低施工的能耗：

（1）选择节能材料。采用能够降低建筑能耗的环保型材料、绿色能源材料，例如隔热材料、太阳能发电节能玻璃等，如图4-1所示。

图4-1　采用太阳能发电

（2）优化施工方案。通过优化施工方案，减少建筑能耗。例如，合理安排施工顺序，减少建筑材料的运输距离，进行施工节能策划，明确节能减排目标，制定施工节能措施；加强用电指标管控，定期计量、核算、对比分析，持续纠正与优化措施；施工现场出口设置洗车槽及沉淀池，及时清洗车辆上的泥土，防止泥土外带。针对工程所在园区环境特点以及园区规划状况，220kV、110kV的配电装置布置方式选用可靠性高、维护量小的户内方案。在建造临时围墙和临时驻点时使用装配式可重复使用材料，保证重复使用率达到90%，如图4-2所示。

图4-2　可循环利用预制舱式项目部

（3）采用高效设备。选用高效的设备和机械，例如节能的照明设备、高效的发电机等，可以降低设备能耗。项目部停车区采用高效高质的电动汽车充电桩，实现零排放，节能环保，如图4-3和图4-4所示。

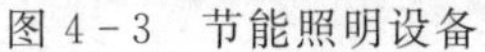

图 4-3　节能照明设备

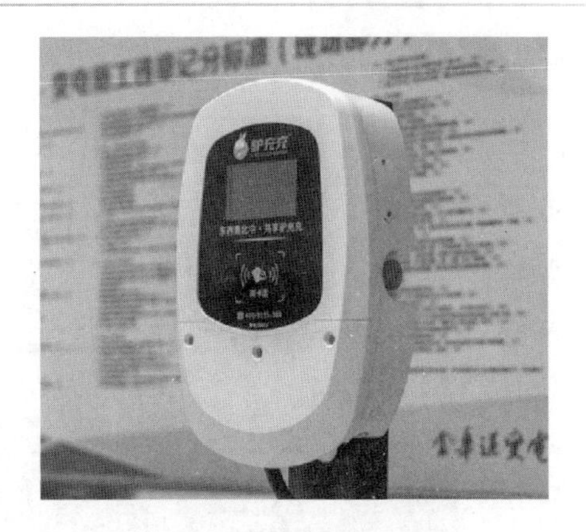

图 4-4　电动汽车充电桩

（4）建造高效的节能减排污水处理装置及集水水循环装置。站内污水经过化粪池处理后自流排至站外园区污水管网统一输送至污水处理厂处理。既满足环保要求，又符合国家节能减排的战略部署。修建集水池，通过路面、项目部屋面、场地排水系统收集雨水，通过水泵抽取处理过的雨水，用作养护、场地清洗、雾炮喷淋（图 4-5）等。

（5）采用节能机械。选用节能的施工机械，例如采用电动机代替燃油机、采用节能型的起重机等，可以降低施工机械能耗，如图 4-6 所示。

图 4-5　雾炮喷淋

图 4-6　节能型起重机

（6）提高员工节能意识。通过培训、宣传等方式，提高员工的节能意识，降低人力耗能。

4.2.2　现场管理

在大型工程项目中，现场管理对于工程的顺利进行与工程质量的保证起着至关重要的作用。在各行各业中，绿色施工已经受到了越来越多的重视。而在变电站的建设中，绿色施工与管理的重要性更是不言而喻。

变电站是电力输配电系统中的重要组成部分，其建设涉及的范围包括土建、电气、通信、管道等各方面，而这些工程的施工与管理必须要做到绿色化，才能保证环境的安全和施工的质量。在苏溪变电站项目中，具体的绿色施工与管理包括如下内容：

（1）环保。在变电站建设过程中，充分考虑环保因素，采用低碳、清洁的建设方式，尽可能减少对环境的影响（图4-7）。此外，严格注意浪费物的分类回收（图4-8）、垃圾的减量化处理、施工区域的周边绿化和保护等，对水土保持工作、防止土地沙化和水土流失等问题也进行了集中处理。

图4-7 施工现场环保措施

图4-8 废品废料回收池

(2) 安全管理。变电站的建设涉及较多高空作业、电气作业等高风险作业，因此施工过程中，应严格遵守安全操作规程和标准，加强安全巡检，做好设施、设备的防护和保护（图 4-9），确保施工人员的人身安全。

图 4-9　防护和保护措施

(3) 质量管理。变电站的建设涉及的工程项目较多，每个环节都必须按照规定的标准和要求进行施工，保证工程的质量。为此，需建立科学、完善的质量管理体系，对工程过程中的各个环节进行严格把关，确保质量达到相关标准和要求。

(4) 施工组织管理。变电站建设过程中，施工组织管理是至关重要的一环。应建立符合施工规范的施工组织结构，严格按照规定的施工工期和质量进行具体的施工方案和作业安排。同时，还加强了对材料管理、机械设备使用和维护保养等多方面的建设工作，确保施工过程中的工作顺利开展。

4.3　绿色能源的使用

绿色能源是指源头可再生、使用过程中对环境污染较小或无污染的能源。近年来，随着环保意识不断提高，绿色能源的使用越来越受到人们的关注。为了响应全球环保号召，越来越多的企业开始倡导绿色施工和绿色能源的使用，变电站也不例外。

为了实现绿色施工，变电站在施工前就需做好全面的准备工作：制订详细的施工计划和施工方案（图 4-10），对施工现场进行全面的规划和布置。在施工过程中，尽可能采用环保的材料，减少对环境的影响，如，选择符合环保标准的建筑材料，降低含有有害化学物质的材料的使用率，避免使用过多的化学药品。

（四）绿色工地建设示范

1. 创建标准

绿色是人与自然协调共生的客观要求，是推动我国经济从高速增进向高质量生长的主要条件，是"十四五"时期基建模式的重要要求。

针对传统输变电工程，尤其是输电线路工程中难以避免造成的生态搬迁、环境污染、植被砍伐、土壤开挖、水土流失等一系列影响线路沿线生态原貌的问题，苏溪 220 千伏输变电工程贯彻落实习近平总书记强调的"绿水青山就是金山银山"的重要指示，在总结以往工程实践经验的基础上，不断提炼总结并探索出一套资源节约、环境友好、生态可持续"绿色基建"模式，旨在实现项目实施阶段线路走廊影响范围最小化、物资输送通道"零占用"、输电线路施工"零污染"、水土生态环境"可再生"目标，建设"资源节约型、环境友好型"的绿色工程。

2. 工作措施

（1）管理创新

鉴于苏溪 220 千伏输变电工程面临的生态化建设高标准、高要求，推动绿色基建模式在本工程的全面践行既是适应客观环境变化的必然要求，也是深化实践生态化建设模式的必然选择。本工程充分应用绿色基建模式，并将打造绿色工程、和谐工程、典范工程的理念贯穿工程始末。

1）理念引领，聚焦创新。

依靠"绿色基建"思想理念的文化"软实力"，不断促进技术、

图 4－10　施工方案

除此之外，为了加强建设过程中的环保监测和管理，确保施工不会对周围的环境和居民造成影响。变电站的建设过程中需加强对噪声和振动的控制（图 4－11）、以及对灰尘和废水排放的控制，避免对周围生态环境的破坏。同时，在施工过程中，尽量合理地安排交通运输，减少污染物的排放和交通事故的发生。

绿色能源的使用也是变电站绿色施工的重要内容之一。使用绿色能源可以大幅度降低变电站对化石能源的依赖，进而减少对环境的污染。例如，采用太阳能电池板、风力涡轮机等绿色能源设备，不仅可以节约能源成本，还能够减少对环境的负面影响。

为了更好地使用绿色能源，还应加强对设备的管理和维护。定期检查和维护太阳能电池板、风力涡轮机等设备，确保其正常运转。同时，设置设备的放置位置，确保最大限度地利用自然资源。此外，还通过加强对设备的安全防护和应急处理措施，确保能够及时有效地应对突发事件。

具体措施如下：

（1）优先使用国家、行业推荐的节能、高效、环保的施工设备和机具，如选用变频施工设备、电动登高车等节能机械设备，如图 4－12 所示。

（2）办公区屋面采用太阳发电，办公区、施工区照明用电采用太阳能发电，灯具选型节能环保型 LED 灯，公共、走廊区域采用声控灯具，如图 4－13 所示。

（3）施工现场分别设定生产、办公和施工设备的用电控制指标，定期进行计量、核算、对比分析，并有预防和纠正措施。

（4）在施工组织设计中，合理安排施工顺序、工作面，减少作业区域的机具数量，相邻作业区充分利用共有的机具资源。安排施工工艺时，应优先考虑耗用电能的或其他能耗较少的施工工艺。避免设备额定功率远大于使用功率或超负荷使用设备的现象。

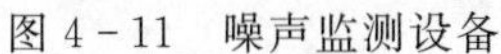

图 4－11　噪声监测设备

图 4－12　电动登高车

图 4－13　照明灯具

（5）根据当地气候和自然资源条件，充分利用太阳能等可再生能源，办公区用水加热尽可能使用太阳能等可再生能源。

（6）建立施工机械设备管理制度，开展用电、用油计量，完善设备档案，及时做好维修保养工作，使机械设备保持低耗、高效的状态。

（7）选择功率与负载相匹配的施工机械设备，避免大功率施工机械设备低负载长时间运行。机电安装可采用节电型机械设备，如逆变式电焊机和能耗低、效率高的手持电动工具等，以利节电。机械设备宜使用节能型油料添加剂，在可能的情况下，考虑回收利用，节约油量。

（8）合理安排工序，提高各种机械的使用率和满载率，降低各种设备的单位耗能。

（9）利用场地自然条件，合理设计生产、办公临时设施的体型、朝向、间距和窗墙面积比，使其获得良好的日照、通风和采光。

（10）临时设施宜采用节能材料，墙体、屋面使用隔热性能好的材料，减少夏天空调、冬天取暖设备的使用时间及耗能量。选择节能、保温、隔热性能好的门窗。

（11）合理配置采暖、空调、风扇数量，规定使用时间，实行分段分时使用，节约用电。

（12）临时用电优先选用节能电线和节能灯具，临电线路合理设计、布置临电设备宜采用自动控制装置，采用声控、光控等节能照明灯具。

（13）照明设计以满足最低照度为原则，照度不应超过最低照度的20%。

（14）电焊机等大型机械设备用电应单独设表计量考核。

（15）施工区、办公区用电应分别设表计量考核。

（16）合理规定办公室的温度、湿度标准和空调使用时间，提高空调和采暖设施的运行效率。

（17）施工现场针对项目工程的特点，制定节能措施，对耗能量大的工艺应制定专项降耗措施。

（18）对分包工程应明确耗能指标，并签订用电量等耗能协议。

第5章 节材与材料管理

对于变电站这样的大型工程项目，绿色施工和材料管理尤为重要，它不仅关系到环保事业的推广，也与企业形象和利益息息相关。

变电站的建设过程需要大量的建筑材料，比如钢筋水泥、砖瓦、管线、电缆等。如果没有合理的节约和管理措施，这些材料的浪费就会成为一个无法忽视的问题。因此，绿色施工和材料管理就成为了变电站建设中不可或缺的一环。

在绿色施工方面，变电站可以采取一些措施来降低对环境的影响。例如在材料选择方面，应优先选择符合环保标准和能源效率的建筑材料。此外，在施工过程中也需要遵循环境保护的原则，避免空气污染和噪声污染，并对施工现场进行垃圾分类处理，减少环境污染的发生。

在材料管理方面，变电站可以采取一系列科学的措施来节约和合理使用建筑材料。首先，对于材料的进出库需要进行精确的管理，避免材料的浪费和丢失。其次，材料的使用应该进行规划和优化，避免出现材料过剩或者不足的情况。最后，在材料的回收和再利用方面，也需要进行合理的规划与管理，降低建筑垃圾带来的环境影响，同时提高材料利用率和降低建设成本。

绿色施工和材料管理不仅是一种环保意识的体现，也是企业责任和竞争力的展现。变电站在建设中应该始终把绿色施工和材料管理贯穿始终，积极参与环保事业，推动建筑行业迈向更加环保、可持续的未来。

5.1 施工材料的使用

变电站施工材料的使用需要遵循以下原则：①优先选择符合国家标准和行业标准的材料，确保施工质量；②选择经过质量认证的品牌材料，确保产品质量可靠；③优先选择绿色环保材料，减少环境污染；④在满足质量和环保要求的前提下，优先选择价格合理的材料，控制成本；⑤做好材料的存储和管理，确保材料的安全和完好，避免损耗和浪费。

在实际使用过程中，需要根据工程的具体要求和实际情况，制订合理的材料使用计划，并进行材料的跟踪管理和验收，确保施工材料的质量和数量符合要求。同时，在材料的采购、运输、存储、使用等环节中，需要加强管理，防止损耗和浪费，提高资金利用效率，如图 5-1 所示。

在工程建立之初，就建立材料采集和控制的详细汇报制度，对于控制材料的购买数量和距离、材料的损耗和限额领料制度，针对垃圾的回收再利用制进行了明确具体的规划。

图 5－1 施工材料管理

（1）材料采购控制。主要材料采购记录见表 5－1。

表 5－1 主要材料采购记录

序号	材料名称	规格	购买地点	厂家名称	距离	购买时间	经办人	备注
1								
2								
3								
…								

注：1. 主要材料要求 80%以上在距离 500km 范围内进行采购，实行就地取材原则。
2. 采购厂家指生产、制造厂家，不包括供销商和分销商。

（2）限额领料制度。施工材料限额见表 5－2。

表 5－2 施工材料限额

序号	工程部位	材料名称	规格	计量单位	计划用量	核定损耗率	领用限额	备注
1								
2								
3								
4								
…								

签发： 制表：

注：1. 计划用量为按照图纸计算的使用率，没有包含定额损耗。
2. 核定损耗率为计划合同部门核算后的材料损耗率，并经项目经理审核，本表由项目经理签发。

（3）垃圾的回收再利用。有毒有害办公垃圾管理记录见表 5－3。

表 5－3 有毒有害办公垃圾管理记录

序号	垃圾名称	数量	购买记录		领用记录		回收记录		处理记录		备注
			时间	负责人	时间	负责人	时间	负责人	时间	负责人	
1											
2											

续表

序号	垃圾名称	数量	购买记录		领用记录		回收记录		处理记录		备注
			时间	负责人	时间	负责人	时间	负责人	时间	负责人	
3											
4											
…											

注：有毒有害办公垃圾主要指电池、墨盒等，有毒有害办公垃圾要求100%回收。

（4）建筑垃圾（渣土）外运。相关记录见表5-4。

表5-4　建筑垃圾（渣土）外运记录

序号	外运时间	车辆型号	外运车数	单车载重	负责人	目的地	距离

注：建筑垃圾和渣土应分开制表统计，渣土应另附相关证明材料说明用途。

（5）可回收建筑垃圾管理。相关记录见表5-5。

表5-5　可回收建筑垃圾管理记录

序号	时间	施工部位	材料种类	图纸用量	实际用量	垃圾产生量	回收再利用量/kg			负责人	备注
							直接利用	加工再利用	运出后再利用		

注：1. 表中主要统计的材料种类为：混凝土、砂浆、砖、砌块、钢材、模板、方木等。
2. 记录一般以一层为单位，按进度填写，也可以根据工程实际情况按适合统计的方式填写，但统计必须保证全方位、全过程进行。

5.2　节材措施与现场管理

（1）在变电站节材与材料管理中，可以采取以下节材措施和管理措施：

1）合理选材。在选材时，应优先选用符合国家和行业标准的材料，避免使用低质量、劣质材料。同时，应根据工程的实际需求和环境要求，选择适合的材料。

2）加强材料管理。加强材料的存储和管理，确保材料的安全和完好，避免损耗和浪费。对于易腐、易燃、易爆的特殊材料，应采取相应的防腐、防火、防爆措施。

3）推广新技术。采用新技术和新材料，可以有效地提高变电站的能效和安全性能，降低运营成本。例如，采用智能配电设备、节能照明设备等，可以有效地节约能源，提高变电站的节能减排水平。

4）加强维护管理。对变电设备和材料进行定期维护和检查，及时发现和解决问题，延长设备和材料的使用寿命。同时，建立健全的档案管理制度，记录设备和材料的使用情况和维护记录。

5）建立节约意识。加强员工的节能意识和节材意识，提高员工的环保意识和安全意识。通过开展培训和宣传活动，提高员工对节能减排和材料管理的重视程度，形成全员参与的节能减排和材料管理氛围。

（2）在苏溪变电站项目的建设中，采取了以下措施：

图5-2 钢筋加工区

1）图纸会审时，审核节材与材料资源利用的相关内容，达到材料损耗率比定额降低。

2）根据施工进度、库存情况等合理安排材料的采购、进场时间和批次，减少库存。

3）现场材料堆放有序（图5-2），储存环境适宜，措施得当，保管制度健全，责任落实。

4）材料运输工具适宜，装卸方法得当，防止损坏和遗洒。根据现场平面布置情况就近卸装，避免和减少二次搬运。

5）采取技术和管理措施提高模板、脚手架等材料的周转次数。

6）就地取材，优先使用地方材料，距施工现场500km以内建筑材料用量占建筑材料总量的95%以上。

7）优化施工方案，选用环保墙材、环保型乳胶漆、环保型油漆等绿色材料，积极推广新材料、新技术、新工艺，促进材料的合理使用，节省实际施工材料的消耗量。建筑物屋面保温采用聚苯乙烯挤塑保温隔热板，采用自发泡混凝土作为屋面找坡材料，既满足找坡要求，又大大增加了屋面保温性能，节约能源；墙体采用页岩烧结多孔砖，一方面为墙体饰面材料的选择提供较宽的选择范围，另一方面也为防止墙体开裂提供基础条件，比实心砖减轻了容重的同时又提高了保温性能（突出岩棉的保温性能）；在建筑设计方面，在满足采光通风的标准下，尽量减少外墙开窗面积；外门窗采用断桥铝合金型材，中空玻璃。

8）推广钢筋专业化加工和配送，优化钢筋配料和钢构件下料方案。钢筋及钢结构制作前对下料单及样品进行复核，无误后方可批量下料。

9）优化钢结构制作和安装方法。钢结构采用工厂制作、现场拼装、分段吊装、整体提升等安装方法减少方案的措施用材量。220kV配电装置室和110kV配电装置室采用新型结构体系，为门式刚架结构，屋面采用檩条+压型钢板结构，外墙采用檩条+夹芯板结构，施工安装方便、周期短，工程全部装配率不低于50%。

10）采用建筑信息模型（BIM）等技术应用在工程施工中，减少设计中的“错漏碰缺”，辅助施工现场管理，提高资源利用率。保证设计深度满足施工需要，减少施工过程设计变更。

11）室内地面大理石及地砖材料在铺贴施工前，进行总体排版策划，减少非整块材的数量，如图 5-3 所示。

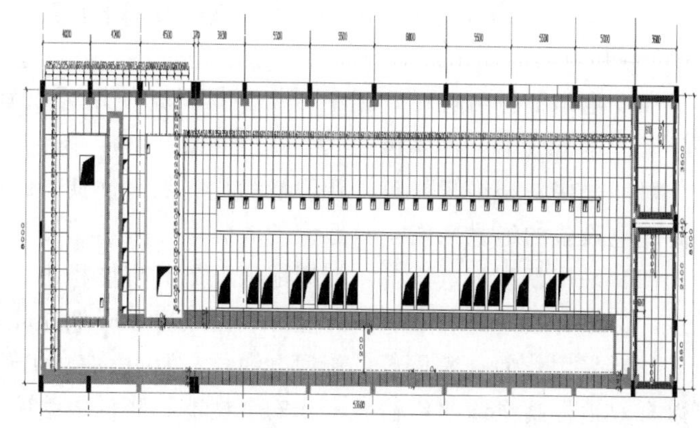

图 5-3　总体排版策划

12）外墙装饰采用水泥纤维板加色带装饰，装饰色带采用火腿红、佛手黄与真石漆相结合，在色彩和质感上做到既统一又有对比，力求建筑清新明朗，别致新颖，具备当地文化特色。

13）木制品及木装饰用料、玻璃等各类板材在工厂采购或定制。

14）采用自粘类防水片材，减少现场液态粘接剂的使用量。

15）选用耐用、维护与拆卸方便的周转材料和机具。

16）现场办公用房采用“预制舱”式标准化绿色临建设施，如图 5-4 所示。现场围挡采用装配式可重复使用围挡封闭，力争工地临房、临时围挡材料的可重复使用率达到 70%。

17）对周转材料进行保养维护，使其处于良好使用状态，禁止抛掷脚手架具、模板等周转材料。

18）施工现场建立可回收再利用物质清单，制定并实施可回收废料的回收管理办法，提高废料利用率。

19）依照施工预算，实行限额领料，严格控制材料的消耗。

20）建立工地仓库材料入库、出库台账，确定专人负责记录，材料仓库的账、卡、物应相符，仓库物品应存放有序。

图 5-4　标准化绿色临建设施

21）推广使用商品混凝土和商品砂浆，准确计算采购数量、供应频率、施工速度等，在施工过程中动态控制；推广使用高强钢筋和高性能混凝土，减少资源消耗。

22）推广应用工具化、工厂化、定型化的现场各类操作棚、安全通道、临时用电防护栅。

23）节约办公用纸，台账尽量采用双面打印。

5.3 新型材料的使用

在变电站节材与材料管理中，新型材料的使用可以有效地提高变电站的节能减排水平，降低运营成本，具体包括以下几个方面：

（1）采用新型绝缘材料。新型绝缘材料具有优良的绝缘性能和耐热性能，可以有效地提高变电设备的绝缘性能，降低设备故障率。

（2）采用新型配电设备。新型配电设备具有体积小、重量轻、功率密度高、效率高等优点，可以有效地提高变电站的能源利用效率，降低能耗和运行成本。

（3）采用新型电缆材料。新型电缆材料具有优良的导电性能、绝缘性能和耐热性能，可以有效地提高电缆的传输效率和安全性能，降低电缆维护和更换成本。

（4）采用新型照明设备。新型照明设备具有高效节能、长寿命、低碳环保等优点，可以有效地提高变电站的能源利用效率，降低能耗和维护成本。

第6章　节地与土地资源管理

节地与土地资源管理在变电站绿色施工中非常重要。变电站建设需要大量土地资源，如果没有合理规划和管理，将会对土地资源造成不可逆转的浪费和破坏，影响土地生态环境和生物多样性。而在变电站建设和运营过程中，也会产生大量废弃土地，因此，采取节地和土地资源管理措施，就成为最大限度减少土地资源的浪费和破坏、保护土地生态环境和生物多样性、提高变电站的绿色施工水平、实现可持续发展的目标的唯一路径。

一般而言，节地包括以下几个方面：

(1) 合理规划用地。在变电站规划设计阶段，应根据实际需要和环境要求，合理规划用地，尽量减少用地面积，避免不必要的占地，减少土地资源的浪费。

(2) 合理布局建筑物和设备。在变电站建设过程中，应合理布局建筑物和设备，避免浪费土地资源。例如，可以采用地下建筑、高层建筑等方式，充分利用空间。

(3) 加强土地保护。在变电站建设和运营过程中，应加强土地保护，保护土地生态环境和生物多样性。例如，加强土地植被保护、水源保护、野生动植物保护等。

(4) 合理利用废弃土地。在变电站建设和运营过程中，产生的废弃土地应得到合理利用，例如，可以进行土地复垦、绿化、农业、养殖等，减少土地资源的浪费。

(5) 建立土地管理制度。建立土地管理制度，明确土地使用权和管理责任，加强土地监管和追责，保障土地资源的合理利用和保护。

6.1　施　工　用　地

施工用地是指在建设过程中，需要占用的用地面积，包括建筑物、设备、临时建筑物、材料堆放场地等。根据用途和建设规模的不同，施工用地可以分为建筑用地、设备用地、临时用地、绿化用地四类，每一类均配以不同的节地措施。

(1) 建筑用地，即变电站建筑物占用的用地，包括主变室、控制室、办公楼、库房等。建筑用地的节地措施通常有：①合理规划建筑物布局，尽可能减少建筑用地面积，采用地下建筑、高层建筑等方式，充分利用空间；②采用多层建筑设计，达到相同建筑面积的情况下，占用的建筑用地面积更小；③采用轻型建筑材料和结构，减少建筑物重量，降低建筑物基础面积和承载能力要求；④设计灵活多变的功能空间，满足变电站的多重需求，避免建筑物面积的浪费；⑤建筑物与道路、设备之间的距离应合理，以减少建筑用地的占用面积。

(2) 设备用地，即变电站设备占用的用地，包括变压器、断路器、开关等设备占用的用地。设备用地的节地措施通常有：①设备布置应合理，采用紧凑型布局，尽可能减少设备用地面积；②采用高压、超高压等技术，减少设备数量和占地面积；③采用封闭式、室内式等设备布置方式，减少设备占地面积；④设备排列应紧凑、有序，减少通道面积，提高设备用地的利用率；⑤设备选型应尽量选择小型化、模块化、一体化设备，减少设备用地的占用面积；⑥设备维护区域布置应合理，避免占用不必要的用地面积。

（3）临时用地，即施工期间临时占用的用地，包括临时工棚、材料堆放场地、施工道路等。临时用地的节地措施有：①充分利用现有建筑、设备用地，尽可能减少临时用地的占用面积；②采用可移动式、可拆卸式的临时建筑，避免占用永久性用地；③临时用地的布局应合理，尽可能利用空间，减少占地面积；④采用可重复利用的材料和设备，减少浪费，降低成本，同时避免对环境的破坏；⑤对临时用地进行分类管理，分类处理垃圾，减少对环境的污染；⑥临时用地应定期检查、清理，保持环境整洁。

（4）绿化用地，即变电站周边绿化占用的用地，包括绿化带、草坪、花园等。绿地用地的节地措施有：①采用立体绿化、屋顶绿化等方式，充分利用立面和屋顶空间，减少绿地用地面积；②采用多层绿化、垂直绿化等方式，提高绿地用地的利用效率；③采用低维护、低耗水、低能耗的绿化方式，降低绿地维护成本；④采用自然化、生态化的绿化方式，增加生态系统的稳定性和复原能力；⑤采用可重复利用的材料和设备，减少浪费，降低成本，同时避免对环境的破坏；⑥对绿地进行分类管理，分类处理垃圾，减少对环境的污染。

6.2 施工用地的策划与布置

施工用地的策划与布置如图6-1所示。

（1）根据施工规模及现场条件等因素合理确定临时设施，如临时加工区、现场作业棚及材料堆场、办公生活设施等占地指标。临时设施的占地面积应按用地指标所需的最低面积设计。

（2）要求平面布置合理、紧凑，在满足环境、职业健康与安全及文明施工要求的前提下尽可能减少废弃地和死角，临时设施占地面积有效利用率不小于90%。

（3）红线外临时占地应尽量使用荒地、废地，少占用农田和耕地。工程完工后，及时对红线外占地恢复原地形、地貌，使施工活动对周边环境的影响降至最低。

（4）利用和保护施工用地范围内原有绿色植被；从永临结合的角度布置现场绿化。

（5）施工总平面布置应做到科学、合理，充分利用原有建筑物、构筑物、道路、管线为施工服务。

（6）施工现场砂浆搅拌区、仓库、加工厂、作业棚、材料堆场等布置尽量靠近即将修建的正式或临时交通线路，缩短运输距离。

（7）临时设施布置应注意远近结合，努力减少和避免大量临时建筑拆迁和场地搬迁。临时办公用房应采用经济、美观、占地面积小、对周边地貌环境影响较小，且适合于施工平面布置动态调整的“预制舱”式标准化绿色临建设施。施工区、办公区应分开布置，并设置标准的分隔设施。

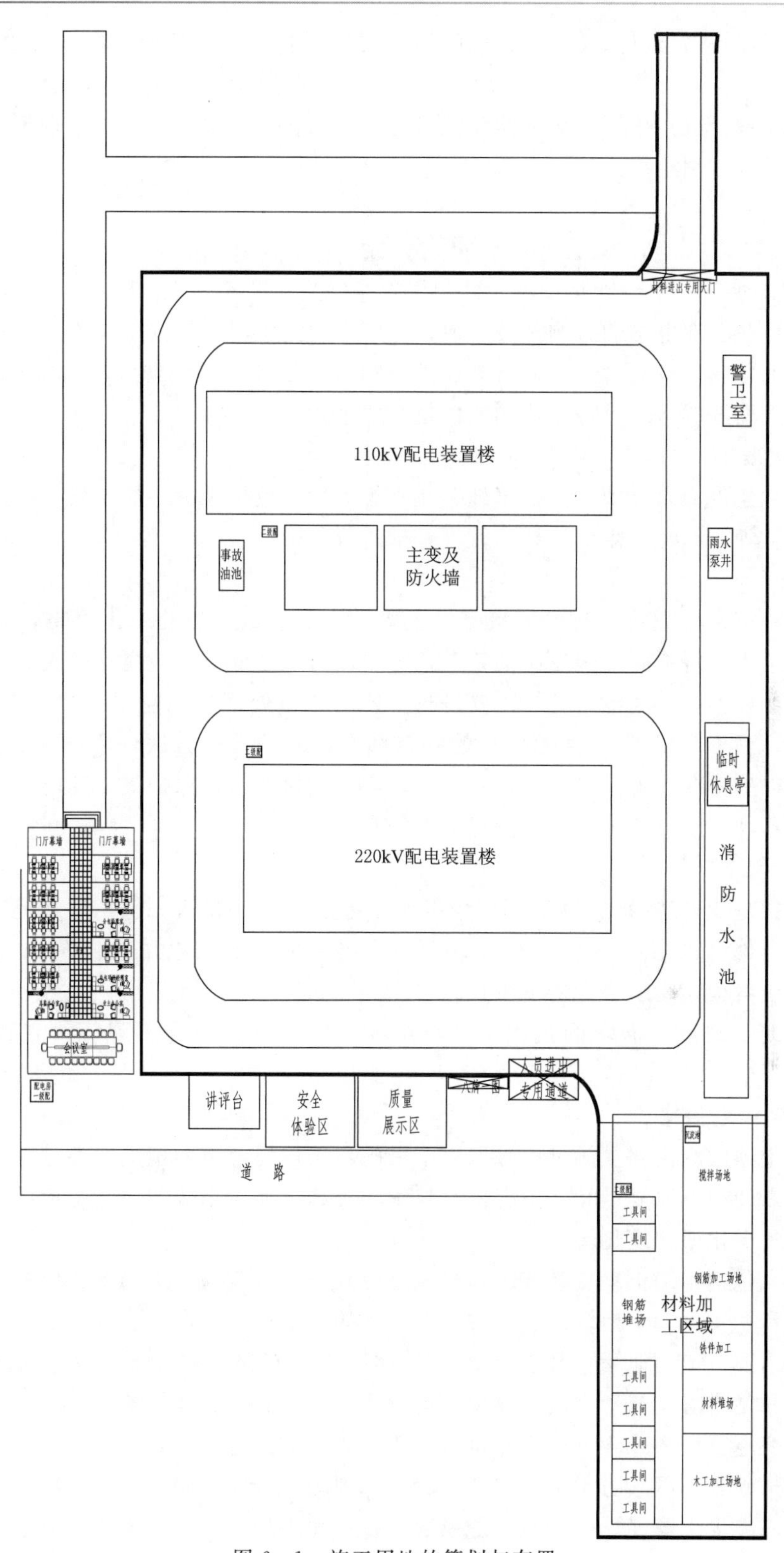

图 6-1　施工用地的策划与布置

(8) 施工现场围挡可采用连续封闭的轻钢结构预制装配式活动围挡，减少建筑垃圾，保护土地。

(9) 施工现场道路按照永久道路和临时道路相结合的原则布置。施工现场内形成环形通路，减少道路占用土地。

6.3 土地的绿化与复耕

外部环境对于变电站的影响至关重要，空气当中的湿度与气候干燥程度会对电力输出产生直接性的影响，也会对土地的自然保护力和对自然灾害的预防和抵御能力造成损害。因此，对变电站外的土地进行绿化和复耕就至关重要。

6.3.1 绿化准则

城市绿化建设应以种植树木、草地、花卉等天然绿色植物为主要手段。因此，在探讨变电站绿化管理技术时，需要从植物管理基础进行分析。

1. 草坪养护

草坪的种植是保证变电站绿化状况的主要方法，也是最优的绿化策略。通过利用草坪、花卉和树木进行不同空间层次的覆盖，可以使变电站外部环境更加优美。与一般公共场所种植的草坪不同，变电站草坪需要进行一定的化学处理才能应用于绿化工作。首先，需要覆盖率达到98%以上，且无明显的裸露和坑洼等情况；其次，草坪需要快速生长，全年长青，以确保绿化工作的长效性；再次，需要确保在植物保护下，变电站工作效率稳定；最后，草坪高度应低于6cm，确保平整美观。

2. 花坛养护

花坛养护是变电站绿化的另一个重要因素，包括：花卉是否完整，生长是否旺盛，是否有病虫害，修剪的造型是否具有园林效果，花期是否准时以及整体覆盖率是否达到50%以上。土壤也需要疏松无杂草生长。

在满足变电站环境需求的基础上，花坛养护应尽可能符合美观、大方和基础审美标准。

6.3.2 绿化和复耕措施

变电站土地的绿化和复耕可以采取以下措施：①选择合适的植被种类进行植树造林或草坪绿化；②使用土地复垦和水生态修复技术，提高土地生态效益；③定期维护土地的绿化效果，防止退化或沙漠化。

现有难点包括：①土地复垦技术和水生态修复技术研究和应用仍不够成熟，需要进一步加强研究和开发；②土地绿化和复耕需要大量的资金和人力投入，对于资源有限的地区而言，难以承担；③土地绿化和复耕需要长期维护，需要保障资金和人力的稳定投入；④土地绿化和复耕需要与变电站的建设和运营相协调，需要加强规划和管理。

苏溪输变电工程220kV（变电站部分）项目采取的措施如下：

(1) 保护地表环境，防止土壤侵蚀、流失，因施工造成的裸土，及时覆盖沙石或种植速生草种，以减少土壤侵蚀；因施工造成容易发生地表径流土壤的情况，应采取设置地表排水系统、稳定斜坡、植被覆盖等措施，以减少水土流失。

（2）沉淀池、化粪池等不发生堵塞、渗漏、溢出等现象，及时清掏粪池内的沉淀物。

（3）对于有毒有害废弃物，如电池、墨盒、油漆、涂料等，应回收后交给有资质的单位处理，不能作为建筑垃圾外运；废旧电池要回收，在领取新电池时交回旧电池，最后由项目部统一移交公司处理，避免污染土壤和地下水。

（4）机械油处理。在机械的下方铺设毡布，上面铺上一层沙吸油。

（5）施工后应恢复施工活动破坏的植被，与当地园林、环保部门或当地植物研究机构进行合作，在先前开发地区种植当地或其他合适的植物，以恢复剩余空地地貌或科学绿化，补救施工活动中人为破坏植被和地貌造成的土壤侵蚀。

第7章 环境保护

国家飞速发展的进程中，电力资源发挥出强大的支撑效力，变电站的重要性更是不言而喻。变电站的工程量较大，不可避免地影响到环境，若是未能落实环境保护工作，将会降低效益成果，还会阻碍社会和国家的长远发展。鉴于此，需要了解现阶段变电站对环境造成的影响，概述环境问题，以便制订出科学策略，让电力建设与环境保护共同进步。

变电站建设属于国家的基础性设施建设，涉及的工程量较大、周期较长、覆盖面较广。建设环节需要明确周边环境受到的影响，从水土资源、植物资源以及周边环境等不同方面概述环境保护的必要性。

1. 水土资源受到影响

变电站建设中势必要修建大量塔基以及线路走廊等，因此需要直接开挖土地，这个过程中会改变土地功能以及相应用途，甚至会损害土地稳定性，引发水土流失等问题。若是出现极端天气，还会造成泥石流和滑坡等自然灾害。总之，要在变电站建设中做好细致规划，积极分析变电站建设对水土资源产生的影响，采取科学化手段进行防护。针对建设中的环境问题，必须要结合实际的指标变化趋势加以分析，比如水土资源极易受到影响，要结合水土资源的具体状态加以判断，以便采取的环境保护措施符合标准，达到较为理想的应用效果。

2. 植物资源受到威胁

在相关工程实践中，还会伤及大范围的植物，因此需要重视植物资源的保护，要明确塔基建设以及支架搭建中需要砍伐的树木数量。在工程建设环节，设备以及器具等都需要运输，这样就会给周围植物造成影响，使其明显折损，对于后续的生长非常不利。变电站建设也会干扰植被生态系统，想要实现稳定运行的难度较大，因此需要重视科学合理的保护方案。作为人类赖以生存的条件，植物资源的保护也应该受到广泛关注，在实践过程中应该采取科学化的手段，让植物资源有效配置，避免变电站建设对其产生直接影响。

3. 周边环境备受干扰

变电站建设覆盖范围较广，涉及诸多领域，若是未能全面分析周边环境，则会使得环境问题显现出来，对于后续的运行和管控非常不利。在建设中，工频电场与工频磁场都能影响周边环境，施工过程中还会出现明显的噪声污染和垃圾污染等，周边生态承受较大压力。如建筑和景观等会受到直接影响，在建立变电站、修建塔架的时候，周边建筑和景观都会面临不同程度的损害。基于此，需要重视电网建设环节环境保护工作的落实情况，结合周边环境所受干扰程度，通过适宜的措施将其净化到位，让变电站建设的整体效益成果得以保障。

7.1 扬 尘 控 制

(1) 施工现场主要道路根据用途进行硬化处理，土方集中堆放。裸露的场地和集中堆放的土方采取仿生草皮进行覆盖，如图 7-1 所示。

(2) 运送土石方、垃圾、设备及建材等车辆必须采取封闭或遮盖措施控制扬尘，保证车辆清洁，不污损场内外道路，如图 7-2 所示。

图 7-1 仿生草皮覆盖

图 7-2 运送车辆采取遮盖措施

施工现场出口设置洗车槽，及时清洗车辆上的泥土，防止泥土外带。

(3) 现场应建立洒水清扫制度，配备洒水设备，并应有专人负责。场界安装空气质量监测设备，动态连续监测扬尘情况；采取自动扬尘监测与自动喷雾等降尘联动措施，有效控制降尘。现场四周临时围墙搭设高度为 2.2m，并在围墙顶端增加防尘喷雾装置，既挡噪声又挡粉尘，如图 7-3 所示。现场设置雾炮机，起到防暑降温、防尘效果，如图 7-4 所示。

图 7-3 防尘喷雾装置

图 7-4 雾炮机

(4) 遇有四级以上大风天气，不得进行土方回填、转运以及其他可能产生扬尘污染的施工。

(5) 施工现场办公区和施工区的裸露场地采取仿生草皮进行覆盖。

(6) 施工现场材料存放区、加工区及模板存放场地应平整坚实。

(7) 施工现场粉末状、聚苯等易飞扬的细颗粒散体材料，应实施密闭存放。

(8) 施工现场采用商品混凝土，80%以上采用预拌砂浆。

(9) 易产生扬尘的施工作业（土方工程等）采取遮挡、掩盖或水淋等有效防尘、抑尘或降尘措施，基础施工扬尘高度不得大于1.5m，主体及装饰施工扬尘高度不得大于0.5m。

(10) 在变电站进站道路北侧斜坡空地设置绿化带，站前区进行景观设计，站外边坡植被进行绿化图案设计，选用环保植物。

7.2 施工噪声控制

变电站环境保护技术措施是现代社会发展的必然趋势。受到严格环保法律法规的监管，各行各业的企业都必须积极采取有效的环保措施，以适应现代社会的发展需求。其中，施工噪声控制也是变电站环境保护中重要的一项技术措施。

1. 施工噪声对人类身体和心理的影响

施工噪声是指在建筑施工过程中产生的各种噪声。长期以来，施工噪声已经成为人们普遍关注的一个问题。噪声不仅会对人的听觉产生影响，还会对人的身体和心理产生诸多不良影响。从身体上来说，长时间被施工噪声所困扰会导致血压升高、头痛、心血管疾病等多种健康问题。从心理上来说，施工噪声会导致人们的情绪波动，造成失眠、焦虑、抑郁等问题。因此，施工噪声控制非常重要。

2. 施工噪声监测和预测方法

施工噪声的监测和预测是施工噪声控制的前提。目前，主要的监测方法包括直观法、测量法和预测法。其中，直观法主要是通过人类的感受来判断施工噪声的强度。测量法则是通过仪器对施工噪声进行详细测量，不同的测量仪器可以得出不同的结果。而预测法则是通过计算机模拟等方法，预测出施工噪声可能产生的范围和强度。这些方法可以组合使用，从而得到更加准确的施工噪声监测和预测结果。

3. 减少施工噪声的技术方案和实施措施

针对施工噪声问题，目前已经有许多技术方案和实施措施。从技术方案方面来说，可以通过采用降噪材料、降噪设备等方式，来降低施工噪声的强度。从实施措施方面来说，则可以采用划定施工区域、增加隔音屏障、安装降噪设备等方式来减少施工噪声的扩散。

(1) 施工现场应根据国家标准《建筑施工场界环境噪声排放标准》(GB 12523—2011) 的要求制定降噪措施，并对施工现场场界噪声进行检测和记录，噪声排放不得超过国家标准。

(2) 施工噪声昼间不大于70dB，夜间不大于55dB，周边单位、居民无投诉。

(3) 在施工场地周边的工厂及居民区等敏感区域设置噪声固定监测点，定期监测，基础、主体结构施工每3～7天、装饰施工每7～15天、电气安装每7～15天、夜晚施工每晚监测一次，并做好记录。

(4) 施工场地的强噪声设备宜设置在远离厂区及居民区的一侧，可采取对强噪声设备进行封闭等降噪措施。

(5) 使用低噪声、低振动的机具，采取隔音与隔振措施，避免或减少施工噪声和振动，如图 7-5 所示。

(6) 木材切割噪声控制：在木材加工场地切割机周围搭设单层围挡结构，尽量减少噪声污染。

(7) 砖块切割、砂浆搅拌等易产生噪声的设备设隔音棚。

(8) 混凝土输送泵噪声控制：结构施工期间，根据现场实际情况确定泵送车位置，布置在远离人行道和其他工作区域的空旷位置，采用噪声小的设备，必要时在输送泵的外围搭设隔音棚，减少噪声扰民。

混凝土浇筑：尽量安排在白天浇筑，选择低噪声的振捣设备。浇筑地下室底板争取采用溜槽加窜筒下料，减少噪声和工程费用。

图 7-5 低噪声、低振动的机具

(9) 夜间施工禁止采取捶打、敲击和锯割等易产生高噪声的作业，禁止使用泵锤机等高噪声机械或设备。

(10) 运输材料的车辆进入施工现场，严禁鸣笛。装卸材料应做到轻拿轻放。

(11) 东侧围墙加高至 4m 以阻隔噪声源对东侧场界外的噪声影响。

4. 施工噪声治理成本及效果的评估

对于施工噪声治理效果的评估，需要考虑到实施成本和治理效果两个方面。在实施成本方面，需要考虑到投入的人力、财力、物力等各方面的成本，从而进行成本评估。在治理效果方面，需要考虑到降噪效果、对环境的影响等方面，从而进行治理效果评估。只有在两方面达到平衡的情况下，才能够真正实现施工噪声的有效控制。

总之，施工噪声控制是现代环保工作中必不可少的一项技术措施。只有通过科学的监测和预测、有效的技术方案和实施措施，以及合理的成本评估和效果评估等措施，才能够真正实现施工噪声的有效控制，从而为保护环境和人类健康作出更大的贡献。

7.3 电磁辐射控制

变电站产生的主要电磁环境影响是频率在 50Hz 的工频电场和工频磁场。根据我国电磁环境质量标准《电磁环境控制限值》(GB 8702—2014)，工频电场强度限值为 4kV/m，工频磁感应强度限值为 100μT，略严于世界卫生组织推荐的国际非电离辐射防护委员会 ICNIRP 导则规定限值。在满足该限值的情况下，变电站周围区域电磁环境质量和公众健康可以得到足够的保护。

为加强输变电设施环境保护监管，近年来制定发布了一系列法规标准：《环境影响评价技术导则 输变电》(HJ 24—2020)、《建设项目竣工环境保护验收技术规范 输变电》(HJ 705—2020)、《交流输变电工程电磁环境监测方法（试行）》(HJ 681—2013)、《输变电建设项目重大变动清单（试行）》(环办辐射〔2016〕84 号）等。这些文件规范了输变电设施环境影响评价、竣工环境保护验收、电磁环境监测等工作。环境保护部还将进一步完善输变电设施环境保护标准体系，已启动电磁辐射环境立法前期工作，积极开展立法调研和制度框架顶层设计。

在人们的日常生活中，电磁辐射无处不在，只要有电或无线电波，就会产生一定的电磁辐射，而输变电工程所产生的辐射比家用电器的辐射值要小得多，几乎对人体没有影响。

（1）变电站电磁辐射主要来源为变压器、断路器、电流/电压互感器的电气设备，当对其进行屏蔽后，电磁辐射对人体健康没有不良影响。

（2）变电站的辐射属于极低频率的工频电磁辐射。没有科学证据证明供电线路和变电设备所产生的工频电磁场对人类的身体具有危害性，对人有害的是属于电离辐射的核辐射。

（3）输变电设施运行中产生的电磁辐射强度中，地下型最小，其次是户内型，户外型略大于前两者。目前城市中新建的变电站往往采用全室内型设计、选用先进的电气设备，且经过严格的环保监测，边界外电磁场水平可以满足限值要求，对居民的生活环境是安全的。

（4）目前室内变电站采用《工业企业设计卫生标准》（GBZ 1—2010），在建设时需严格执行工频电场的各项防护要求，项目建成后变电站周边的工频电场和噪声强度应低于国家标准，不对人体造成危害。

在电场强度和磁场强度的标准方面，欧洲标准化委员会的标准分别是8.33kV/m、533μT，英国的标准分别是12kV/m、1600μT；而我国变电站的仅为4kV/m、100μT。相比之下，我国的相关环境标准更加严格，变电站对环境影响甚微。

7.4 光污染控制

1. 变电站光污染的定义及分类

光污染是指人类利用光源产生的过量、非自然的光线所造成的负面影响。而变电站光污染即为变电站所产生的过量、非自然的光线对周边环境和人类健康所带来的负面影响。按照光的类型和颜色，变电站的光污染可分为白光污染、蓝光污染、黄光污染、绿光污染等。

2. 光污染对生态环境和人类健康的影响

变电站的光污染对生态环境和人类健康都有着极大的影响。对于生态环境而言，变电站的光污染会影响植物的生长和繁殖，影响动物的生活和繁衍，破坏生态平衡。对于人类健康而言，光污染会影响人类的正常睡眠、眼部健康和身体免疫力，增加患癌症等疾病的风险。

3. 变电站光污染监测和评估方法

为了有效地控制变电站光污染，必须对其进行监测和评估。变电站光污染监测的方法多种多样，包括目视观察、光度计测量、遥感技术等，其中光度计测量是目前应用最广泛的一种方法。评估变电站光污染的方法包括环境影响评价和生态风险评估等，通过这些方法可以对变电站光污染的程度和影响进行全面的评估。

4. 减少变电站光污染的技术方案和实施措施

（1）合理安排作业时间，尽量避免夜间施工，必需进行夜间施工时，应合理调整灯光照射方向，减少对周围居民生活的干扰。

（2）工地夜间照明灯应设定向遮光罩，使灯光朝向工地内侧。

（3）在高处进行电焊作业时采取遮挡措施，避免电弧光外泄。

5. 变电站光污染治理成本及效果的评估

对于变电站光污染治理，必须进行成本和效果的评估。成本包括治理材料、人工、设备等费用，而效果则包括对光污染程度的改善和生态环境、人类健康的影响等。只有在成本和效果都得到充分评估和权衡的情况下，才能制订出科学合理的治理方案。

7.5 水污染控制

变电站是电力系统中不可或缺的环节，同时也是环境负担较大的地方之一。其中，水污染是变电站所面临的重要环境问题之一。在日常运行中，变电站会产生大量的工业废水和生活污水，这些污水会含有各种有毒有害的物质，如重金属、油类、氟、氨氮等。这些物质不仅能够对水体造成腐蚀和污染，还可能危害周边环境和人民健康。因此，如何控制变电站水污染，是保障环境和人民健康的重要环节。变电站的水污染控制主要包括以下几个方面：

（1）废水处理：变电站生产过程中会产生大量的废水，对废水进行处理是控制水污染的重要措施。废水处理的方式包括物理、化学和生物等多种方法，比如沉淀、过滤、生物降解等。

（2）水资源利用：变电站可以采用循环利用的方式来减少对水资源的污染和浪费。比如，可以将生产过程中的废水进行处理后再利用，减少浪费和对环境的影响。

（3）水源保护：变电站周边的水源是非常重要的自然资源，需要保护。在建设和运营过程中，要避免对周边水源的污染和破坏；对于已经污染的水源，需要采取相应的措施进行治理和修复。

（4）废水排放控制：变电站排放的废水需要符合国家和地方的环保标准和法规要求，对于废水中的有害物质需要进行筛选和处理，确保排放的废水不会对周边环境造成危害和污染。

1. 变电站水污染的来源和特点

变电站水污染主要来自两个方面，一是变电站本身的工业废水，二是变电站所在的城市或农村地区的生活污水。这些污水中含有诸如氨氮、有毒有害的金属元素、油类等物质，对水体和生态环境带来了严重的破坏。此外，工业废水和生活污水也会对水体的 pH 值、温度等特征造成影响，进而影响水生生物的生存和繁殖。

2. 变电站水污染监测和评估方法

为了准确评估变电站水污染的情况，需要采用一系列科学的监测和评估方法：首先，需要对进出变电站的水质进行监测和取样；其次，需要对取样的水进行分析，以了解其污染物种类、浓度等参数；最后，需要采用统计和模型预测等方法，对污染物的扩散和影响范围进行预测和评估。

3. 减少水污染的技术方案和实施措施

为了有效控制变电站水污染，需要制订一系列技术方案和实施措施：首先，需要推行污水回用技术，将处理后的清洁水用于变电站内的环境和生产用水；其次，可以采用纳米过滤、生物处理等技术，对污水中的有害物质进行去除和分解；最后，还需要加强对变电站的污水排放管理，防止污染物的逃逸和扩散。

(1) 施工现场污水排放达到国家标准《污水综合排放标准》(GB 8978—1996) 的要求。

(2) 场地设有雨水、污水排放设施系统，雨水、污水排放的 pH 值应为 6～9，有定期监测的记录。

(3) 施工现场砂浆搅拌机前台清洗处应设置沉淀池。废水不得直接排入市政污水管网，可经二次沉淀后循环使用或用于洒水降尘。

(4) 施工现场存放的油料和化学溶剂等有害、有毒物品设有专门的危险品库房。废弃的油料和化学溶剂应集中处理，不得随意倾倒。

(5) 废旧墨盒、油漆桶等易对水土产生污染的物品应集中收集，统一消纳。

(6) 施工现场设置的临时厕所应设置化粪池，化粪池应做抗渗处理，并应定期清理。

4. 变电站水污染治理成本及效果的评估

变电站水污染治理是一项长期、复杂的工程，需要大量的资金、技术和人力投入。因此，在实施治理措施之前，需要对治理成本进行充分评估，并对治理后水质的变化进行监测和评估。只有这样，才能更好地掌握变电站水污染治理的实施情况和效果，为后续的治理工作提供参考和指导。

7.6 大气污染控制

变电站是造成大气污染的源头之一。需要认识到变电站大气污染的严重程度，采取相应的技术和措施，确保变电站不会成为大气污染的主要来源。

1. 变电站大气污染的来源和特点

变电站大气污染的主要来源有以下几个方面。

首先，变电站在运行过程中会产生大量的废气。这些废气主要来自变压器、隔离开关、开关柜等设备，其中包含了大量的 SO_2、NO_x、CO 等有害气体。这些废气的排放会对大气环境造成直接的污染。

其次，变电站在建设和维护过程中也会产生一定的污染物。例如，施工过程中产生的灰尘、噪声和挥发性有机物等。而维护过程中则可能会出现机油、液压油等溢出现象，这些都会对周边环境造成一定的影响。

最后，变电站的废水排放也会对周边环境造成污染。由于变电站使用的冷却水必须进行循环使用，而冷却水中可能会含有铜、铅、锌、铁等重金属，这些重金属会对周边水环境造成严重的污染。

2. 变电站大气污染的控制

(1) 废气处理：变电站的运行会产生大量的废气，需要进行处理。常用的处理方式包括物理、化学、生物等多种方法，如吸附、氧化、还原、催化等。

(2) 烟尘治理：变电站的运行会产生大量的烟尘，需要采取相应的措施进行治理，如采用静电除尘器、布袋除尘器等。

(3) 机械设备优化：通过对机械设备的优化，可以减少能源消耗和排放，比如采用高效节能的机械设备、选择低排放的能源等。

(4) 监测与管理：对变电站的排放进行排放监测和管理，及时发现和处理排放问题，确保大气污染控制的效果。

3. 变电站大气污染监测和评估方法

为了准确了解变电站大气污染的情况，必须进行全面监测和评估。一般情况下，变电站大气污染的监测和评估可以采取以下方法：

(1) 站内监测法。这种方法适用于对变电站内部的污染源进行监测。通过安装传感器和监测设备，可以实时监测污染源的排放情况，并得出相应的数据。

(2) 站外监测法。这种方法适用于对变电站外部空气质量进行监测。通过在变电站周边设置空气质量监测站，可以得出周边环境的空气质量情况。

(3) 模型预测法。这种方法通过建立污染物传输和扩散模型，预测变电站污染物的扩散和影响范围。

基于这些监测和评估结果，可以确定变电站的污染等级和污染物的种类，为制订相应的控制措施提供依据。

4. 减少大气污染的技术方案和实施措施

为了有效控制变电站大气污染，需要采取一系列技术方案和实施措施，这些措施包括以下方面：

(1) 应该采用先进的净化设备减少污染物的排放。例如，对于废气排放，可以采用脱硫、脱硝、脱氧等净化技术，有效减少污染物的排放量。

(2) 应加强变电站的维护管理。对于易泄漏或易产生排放的设备，应及时进行检修和更换，避免造成额外的污染。

(3) 应加强对变电站周边环境的监测和管理。建立空气和水环境质量监测站进行实时监测，并实行严格的管理制度。

5. 变电站大气污染治理成本及效果的评估

变电站大气污染治理成本与效果的评估是非常重要的一个方面。治理成本包括设备采购和安装、维护和管理以及操作费用等。治理效果则包括减少排放和改善周边环境质量等。

根据实际情况，变电站大气污染治理的成本和效果较为可行和显著。通过采用先进的净化设备和管理措施，变电站的污染物排放量可得到有效减少。同时，周边空气和水环境的质量也得到明显改善。

7.7 建筑垃圾与有毒有害废弃物管理

平面与立面造型协调，建筑模数协调统一，减少施工废料。建筑外墙、屋面、门窗、外保温等围护结构满足安全、耐久、防护和节能环保的要求。装饰装修材料选用耐久性好、易维护的材料，且满足国家现行绿色产品评价标准中对有害物质限量的要求。构件、预埋件等统一加工，集中焊接，减少零星焊接加工量。施工现场严禁焚烧各类废弃物。建筑垃圾分类收集、集中堆放。有毒有害固体废弃物分类回收、合法处置。生活垃圾分类投放、合规处理。制订合理的建筑垃圾目标以及施工全过程垃圾减量化措施。建筑垃圾按阶段进行统计分类计算，回收利用率达到30%。垃圾分为可回收利用与不可回收利用两类，并定期清运，动态管理。建筑垃圾按有关规定合规处置，细化分类收集、集中堆放存放，如图7-6所示。与有资质单位签订处置协议。建筑物料包装物及轻质易漂浮物等应及时回收，并按相关规定管理、利用和处理。生活、办公用品宜循环利用，废品应回收。建筑垃圾产生量比目标值低10%以上，固体废弃物排放量低于标准值50%。

图7-6　修建封闭式垃圾分类池，垃圾分类处理

施工现场及办公区设置封闭式垃圾容器，施工场地生活垃圾实行袋装化，及时清运。对建筑垃圾进行分类，并收集到现场封闭式垃圾站，集中运出。

按照“减量化、资源化和无害化”的原则采取以下措施：

（1）固体废弃物减量化。

1）通过合理下料技术措施，准确下料，尽量减少建筑垃圾。

2）实行“工完场清”等管理措施，每个工作在结束该段施工工序时，在递交工序交接单前，负责把自己工序的垃圾清扫干净。充分利用建筑垃圾废弃物的落地砂浆、混凝土等材料。

3）提高施工质量标准，减少建筑垃圾的产生，如提高墙、地面的施工平整度，一次性达到找平层的要求，提高模板拼缝的质量，避免或减少漏浆。

4）尽量采用工厂化生产的建筑构件，减少现场切割。

（2）固体废弃物资源化。

1）废旧材料地再利用。利用废弃模板来定做一些维护结构，如遮光棚、隔音板等；利用废弃的钢筋头制作楼板马凳、拉环等。

2）利用木方、木胶合板来搭设道路边的防护板和后浇带的防护板。

3）每次浇筑完剩余的混凝土用来浇筑预制盖板和预制压顶等小构件。

（3）固体废弃物分类处理。

1）垃圾分类处理，可回收材料中的木料、木板由胶合板厂、造纸厂回收再利用。

2）非存档文件纸张采用双面打印或复印，废弃纸张最终与其他纸制品一同由造纸厂回收再利用。

3）废旧不可利用钢筋的回收。施工中收集的废钢筋，由项目部统一处理给钢筋厂回收再利用。

4）办公使用可多次灌注的墨盒，不能用的废弃墨盒由制造商回收再利用。

第8章　装配式变电站

8.1　装配式变电站的概念

装配式变电站是指将变电站的主体结构、设备和系统在工厂内进行组装、调试、测试等工作，然后以模块化的形式运输到现场，进行现场安装、调试和接入运行。装配式变电站具有组装周期短、现场安装方便、运行可靠、维护简便等优点，是一种高效、节能、环保的变电站建设方式，广泛应用于城市供电、工矿企业、新能源等领域。

8.2　装配式钢结构施工

8.2.1　材质和特点

以金华送变电的4项工程为例，介绍钢结构装配式墙板通常采用的材质和相应特点。

1. 外墙板

(1) 外墙水泥纤维板（图8-1）。

优点：造价稍低、耐酸碱、耐腐蚀、隔热防火性能好。

缺点：板材自重大、檩条焊接工作量大、安装工艺复杂，板与板之间需要全面打胶，打胶工作受天气影响严重，防水性能低，内部岩棉容易进水。

图8-1　外墙水泥纤维板

(2) 外墙铝镁锰合金板（图8-2）。

优点：自重轻，具有较好的强度和刚度。与大气形成氧化铝薄膜增加耐久性和耐腐蚀性。可塑性好，可根据现场要求切割开槽。通过使用直立锁边安装方式将整个墙面形成一个整体，安装工艺简单，不需要进行打胶，防水性能好。

缺点：费用高、耐火性稍差。

图 8-2 外墙铝镁锰合金板

2. 内墙板

(1) 内墙水泥纤维板（图 8-3)。

优点：耐酸碱、耐腐蚀，免漆板不需要二次装饰，具有一定的承重性。

缺点：价格高，磕碰棱角易破损。

(2) 内墙石膏板（图 8-4)。

优点：价格低，安装工艺简单，质量轻。

缺点：不承重（不可挂设重物)，需要二次装饰，遇水易发霉，表面刚度差，表面接缝难处理，后期粉刷易开裂。

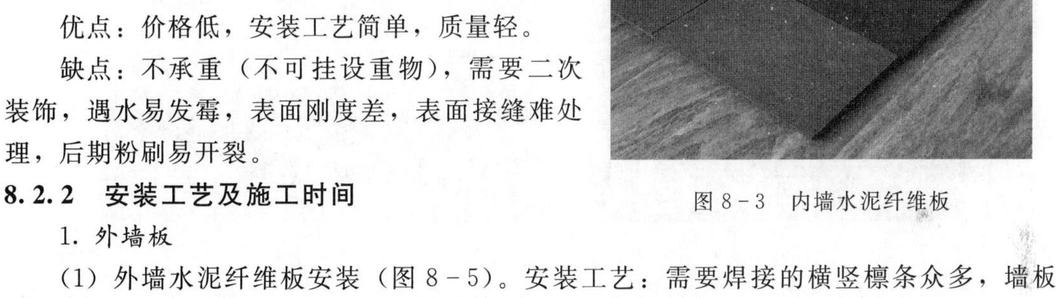

图 8-3 内墙水泥纤维板

8.2.2 安装工艺及施工时间

1. 外墙板

(1) 外墙水泥纤维板安装（图 8-5)。安装工艺：需要焊接的横竖檩条众多，墙板安装时需要切槽嵌入卡扣，檩条需凑墙板分条安装，然后打胶填充板缝，安装工艺相当复杂。施工进度：檩条安装 34 天、墙板安装 45 天、打胶 15 天、屋面压顶 4 天，共 98 天。

图 8-4 内墙石膏板

图 8-5　外墙水泥纤维板安装

（2）外墙铝镁锰合金板安装（图 8-6）。檩条根据板材排版后一次性安装，相邻板块通过企口相连，板材用射钉或自攻螺丝固定在檩条上，无需打胶，安装简便。施工进度：檩条安装 22 天、墙板安装 20 天、镶嵌胶条 2 天、屋面压顶 4 天，共 48 天。

图 8-6　外墙铝镁锰合金板安装

2. 内墙板

（1）内墙水泥纤维板安装（图 8-7）。安装在檩条边侧，采用射钉固定。

图 8-7　内墙水泥纤维板安装

(2) 内墙石膏板安装（图 8－8）。安装方式同前。

图 8－8　内墙石膏板安装

8.2.3　存在的问题及改进建议

(1) 问题 1：因外墙水泥纤维板固定方式为承托式，檩条需凑板安装，存在大量的焊接工作且边幅难修；墙板间拼缝打胶工作量巨大，受雨天影响严重，若挂完墙板未及时完成打胶则会有严重渗水；二层及以上钢结构安装成本成倍增加；板中填充防火岩无保护措施，存在污染现象；胶的耐久性差，对长期运行不利。

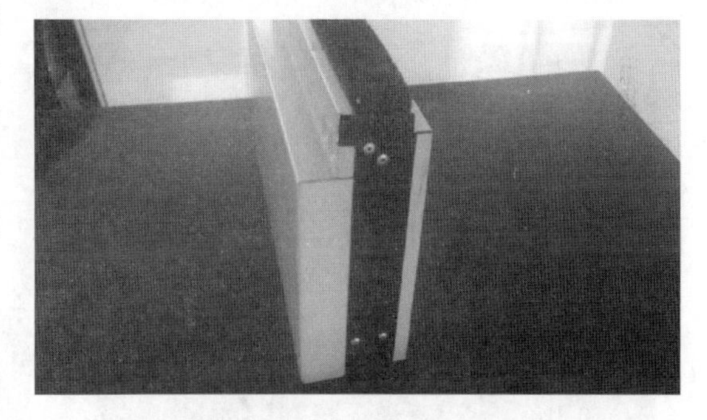

图 8－9　包边石棉不外露的铝镁锰合金板

改进建议 1：采用内部有包边石棉不外露的铝镁锰合金板，如图 8－9 所示。

改进建议 2：外墙板（铝镁锰）横向双面企口、竖向嵌胶条，有效防水、避免打胶，如图 8－10 所示。

改进建议 3：设计提高深度，轻钢龙骨（檩条）采用螺丝固定，或采用不锈钢材质，避免焊接，防止锈蚀，如图 8－11 所示。

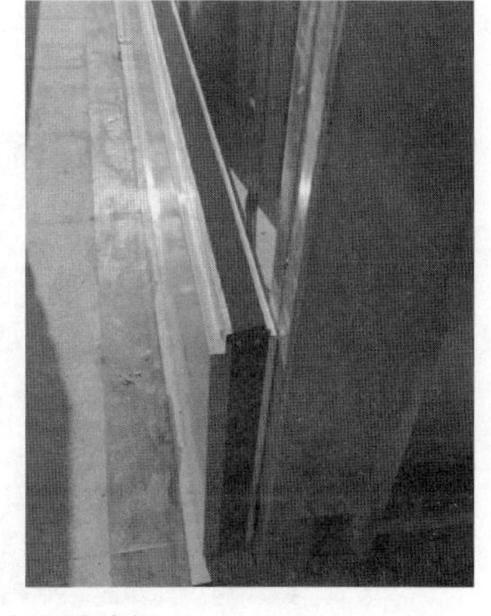

图 8－10　某变电站墙板

图 8-11　檩条采用螺丝固定

(2) 问题2：内墙石膏板遇水易发霉（图 8-12），且石膏板拼缝及转角位置如果处理不到位，很容易造成后续涂料装饰面开裂。而且石膏板本身强度低，采用轻钢龙骨固定，墙面上能承受的荷载有限。油漆耗费时间较长，存在垂直方向交叉作业。

图 8-12　发霉的内墙石膏板

改进建议：内墙板采用水泥纤维免漆板，并且采用铝合金槽条安装，结构胶辅助固定，如图 8-13 所示。

图 8-13　内墙板采用水泥纤维免漆板

墙板利用铝合金槽条安装，结构胶辅助固定，表面美观、整齐。

8.3 装配式墙板施工

装配式墙板施工是一种快速、高效的墙体建造方式，其主要特点是在工厂内进行预制，然后在现场进行组装和安装。

8.3.1 具体施工步骤

（1）在工厂内进行预制：将墙板的骨架、隔音、保温、防火等材料在工厂内进行预制，以确保质量和尺寸的准确性。

（2）运输到现场：将预制好的墙板运输到现场，可以减少现场施工的时间和成本。

（3）组装和安装：将预制好的墙板进行组装和安装，可以采用吊装或者直接安装的方式。组装时需要注意墙板的位置和固定，以确保墙体的牢固性和稳定性。

（4）填充和涂料：在墙板组装完成后，进行填充和涂料施工，以确保墙体的防水、防潮、防火等性能。

装配式墙板施工可以大大提高建筑工程的进度和质量，减少现场施工的时间和成本，是一种越来越受欢迎的建筑施工方式。

8.3.2 原材料验收

1. 原材料的质量控制基本要求和内容

钢结构工程使用的材料必须符合设计文件和现行有关标准的规定，必须具备质量合格证明文件，并且必须经过进场检验合格才能使用。施工单位需要制订材料管理制度，并确保订货、存放、使用规范化。

原材料的质量控制核查办法：根据单位工程结构设计、变更设计文件和原材料汇总表，核查原材料与产品出厂合格证（商检证）及试验报告中的原材料品种、规格是否一致，是否按批取样，取样用量是否与实际用量相符。

2. 核查原材料或成品试验（复验）结果是否符合标准、规范和规程要求

核查合格证、试验（复验）报告中的工程名称是否与实际工程一致，各项技术数据是否齐全，是否符合“先试验后使用，先验收后隐蔽”的原则。

核查原材料或成品代换使用是否有计算书及设计签证，计算结果是否符合现行标准、规范要求。

3. 钢材

钢材、钢铸件品种、规格、性能等必须符合国家产品标准和设计要求。进口钢材产品的质量必须符合设计和合同规定国家产品标准和设计要求。

对属于以下情况之一的钢材，必须进行抽样复验：

（1）国外进口钢材。

（2）钢材混批。

（3）板厚等于或大于 40mm，且设计有 Z 向性能要求的厚板。

（4）建筑结构安全等级为一级，大跨度钢结构中主要受力构件所采用的钢材。

（5）设计有复验要求的钢材。

（6）对质量有疑问的钢材。

钢材复验内容应包括力学性能试验和化学成分分析，其取样、制样及试验方法可按相应的标准执行。

进口钢材复验的取样、制样及试验方法应按设计文件和合同规定执行。海关商检结果经监理工程师认可后，可作为有效的材料复验结果。

型钢的规格尺寸及允许偏差必须符合其产品标准的要求。

当钢材的表面有锈蚀、麻点或划痕等缺陷时，其深度不得大于该钢材厚度允许偏差值的1/2；钢材表面的锈蚀等级需满足《涂覆涂料前钢材表面处理　表面清洁度的目视评定　第1部分：未涂覆过的钢材表面和全面清除原有涂层后的钢材表面的锈蚀等级和处理等级》（GB/T 89231—2011）规定的C级及以上；钢材端边或断口处不应有分层、夹渣等缺陷；工厂制作的钢构件其焊缝（二级）表面不得有气孔、夹渣、弧坑裂纹、电弧擦伤等缺陷。

4. 地脚螺栓

钢结构工程使用的材料必须符合设计文件和现行有关标准的规定，必须具备质量合格证明文件，并且必须经过进场检验合格才能使用。

地脚螺栓、螺母各性能的等级用钢的化学成分必须按相关的国家标准进行评定。

地脚螺栓机械性能的试验项目及方法应根据表8-1规定执行，热浸镀锌产品应在镀锌后实施试验。

表8-1　地脚螺栓的机械性能试验项目及方法

序号	试验项目	试验方法		4.6	5.6	6.8	8.8
1	最小抗拉强度 $R_{m,min}$	机械加工试件的拉力试验		○ ◎	○ ◎	○ ◎	○ ◎
2	最小下屈服强度 $R_{cL,min}$			○	○	●	●
3	规定非比例延伸0.2%的最小应力 $R_{p,0.2min}$			●	●	●	○
4	最小断后伸长率 A_{min}			○	○	●	○
5	最小断面收缩率 Z_{min}			●	●	●	○
6	最小抗拉强度 $R_{m,min}$	实物拉力试验	7.1.2	○ ◎	○ ◎	○ ◎	○ ◎
7	公称保证应力 S_p	保证载荷试验	7.1.3	⊙	⊙	⊙	⊙
8	硬度	硬度试验	7.1.4	○ ◎	○ ◎	○ ◎	○ ◎
9	表面硬度HV0.3	增碳试验	7.1.7	●	●	●	○
10	最大脱碳层 G/mm	脱碳试验	7.1.6	●	●	●	○
11	吸收能量KV2/J	冲击试验	7.1.5	●	⊙	●	⊙
12	再回火后硬度降低值	再回火试验	7.1.8	●	●	●	⊙

○　可实施。

◎　常规实施。

⊙　不是必须进行的试验项目，需要供需双方协商。

●　不可实施。

螺母机械性能的试验项目及方法根据表8-2规定，热浸镀锌产品应在镀锌后实施试验。

表 8-2　　螺母的机械性能试验项目及方法

试验项目			保证载荷	硬度
试验方法			拉力试验	硬度试验
			7.2.1	7.2.2
性能等级	5	≤39mm	○ ◎	○ ◎
		>39mm	⊙	○ ◎
	6	≤39mm	○ ◎	○ ◎
		>39mm	⊙	○ ◎
	8	≤39mm	○ ◎	○ ◎
		>39mm	⊙	○ ◎
	10	≤39mm	○ ◎	○ ◎
		>39mm	⊙	○ ◎

注： 最低硬度仅对热处理的螺母或规格太大而不能进行保证载荷试验的螺母才是强制性的。

○　可实施。

◎　常规实施。

⊙　对于>39mm 规格的螺母，由于试验条件的限制，不宜进行保证载荷试验。

地脚螺栓不应有爆裂、裂纹和痕皱等现象存在，表面缺陷应控制在能够接受的范围内。

5. 焊接材料

焊接材料品种、规格、性能等应符合国家产品标准和设计要求。焊条、焊丝、焊剂、电渣焊熔嘴等焊接材料应与设计选用的钢材相匹配，且应符合《钢结构焊接规范》(GB 50661—2011) 和《变电（换流）站土建工程施工质量验收规范》(Q/GDW 1183—2012) 的有关规定。

重要钢结构采用的焊接材料应进行抽样复验，复验结果符合现行国家产品和设计要求。

用于焊接切割的气体应符合《钢结构焊接规范》(GB 50661—2011) 和相应标准的规定。

6. 连接用紧固标准件

钢结构紧固标准件包括普通螺栓、高强度大六角头螺栓连接副、扭剪型高强度螺栓连接副等紧固件。

高强度大六角头螺栓连接副和扭剪型高强度螺栓连接副应分别有扭矩系数和紧固轴力（预拉力）的出厂合格检验报告，并随箱带。当高强度螺栓连接副保管时间超过 6 个月时，应按相关要求重新进行扭矩系数或紧固轴力试验，并应在合格后再使用。

高强度大六角螺栓连接副和扭剪型高强度螺栓连接副应分别进行扭矩系数和紧固轴力（预拉力）复验，试验螺栓应从施工现场待安装的螺栓中随机抽取，每批抽取 8 套连接副进行复验。

普通螺栓作为永久性连接螺栓且设计文件要求或对其质量有疑义时，应进行螺栓实物最小拉力载荷复验，复验时每一规格螺栓抽查 8 个。

7. 金属压型板

金属压型板及制造金属压型板所采用的原材料、品种、规格、性能等应符合国家产品标准和设计要求。

压型金属泛水板、包角板和零配件的品种、规范以及防水密封材料的性能等应符合国家产品标准和设计要求。

压型金属板的规格尺寸及允许偏差、表面质量、涂层质量等应符合设计要求。

8. 涂装材料

钢结构防腐涂料、稀释剂和固化剂等材料、品种、规格、性能等应符合国家产品标准和设计要求。

钢结构防火涂料的品种和技术性能应符合设计要求，并应经具备资质的检测机构检测，符合国家产品标准和设计要求。

防腐涂料和防火涂料的型号、名称、颜色及有效期应与其质量证明文件相符，无结皮、结块、凝胶等现象。

9. 金属面夹芯板

包角板及制造包角板所采用的原材料的品种、规格、性能应符合国家标准及设计规定。

金属面夹芯板所有配件的材质、规格、性能以及外观质量应符合设计要求及国家标准相关规定。

密封材料的材质、性能应符合设计要求及相关标准的规定，有效期应符合厂商提供的使用期证明文件要求。

金属面夹芯板的规格尺寸及允许偏差、表面质量等应符合设计要求和现行国家标准的规定。金属面夹芯板表面涂层、镀层不应有可见的裂纹、起皮、剥落和擦痕等缺陷。

泛水板、包角板几何尺寸的允许偏差不应超过表 8-3 的规定。

表 8-3　　泛水板、包角板几何尺寸允许偏差

项目		允许偏差
泛水板、包角板	板长	±6.0mm
	折弯面宽度	±2.0mm
	折弯面夹角	±2.0°

金属面夹芯板成品外表面应干净，不应有明显凹凸和褶皱。金属面夹芯板用紧固件表面无损伤、锈蚀。

10. 纤维水泥夹芯复合墙板

工程所用的材料应符合设计文件和现行有关标准的规定，应具有质量合格证明文件，并应经进场检验合格后使用。应使用性能稳定的原材料生产墙板。墙板生产企业应逐批验收进厂原材料的合格证，并对主要原材料的性能复验。用于生产墙板的所有胶凝材料、集料、增强材料、水、外掺料（包括外加剂、发泡剂、粉煤灰等）均应符合相应国家标准、行业标准的有关规定。外观质量应符合表 8－4 的规定。

表 8－4　纤维水泥夹芯复合墙板外观质量要求

序号	项　目	要　求
1	面层和夹芯层外裂缝	不允许
2	板的横向、纵向、侧向方向贯通裂缝	不允许
3	板面外露筋纤、飞边毛刺	不允许
4	板面裂缝，长度 50～100mm，宽度 0.5～1.0mm	≤2 处/板
5	缺棱掉角，宽度×长度 10mm×25mm～20mm×30mm	≤2 处/板

注：序号 4、5 项中低于下限值的缺陷忽略不计，高于上限值的缺陷为不合格。

墙板尺寸允许偏差应符合表 8－5 的规定。

表 8－5　纤维水泥夹芯复合墙板尺寸允许偏差

序号	项　目	允许偏差/mm	序号	项　目	允许偏差/mm
1	长度	±5	4	板面平整度	≤2
2	宽度	±2	5	对角线差	≤8
3	厚度	±1	6	侧向弯曲	≤3

11. 隔墙板（轻质条板隔墙）

条板的原材料应符合国家现行有关产品标准的规定，并应优先采用节能、利废、环保的原材料，不得使用国家明令淘汰的材料。条板隔墙安装时采用的配套材料应符合国家现行有关标准的规定。用于条板隔墙的板间接缝的密封、嵌缝、黏结及防裂增强材料的性能应与条板材料性能相适应。

条板隔墙安装使用的镀锌钢卡和普通钢卡、销钉、拉结钢筋、锚固件、钢板预埋件等的用钢应符合国家现行建筑用钢标准的规定。

隔墙条板的品种、规格、性能、外观应符合设计要求。对于有隔声、保温、防火、防潮等特殊要求的工程，板材应满足相应的性能等级。外观质量应符合表 8－6 的规定。

表 8－6　隔墙板外观质量要求

序号	项　目	要　求
1	板面外露筋、露纤；飞边毛刺；板面泛霜泛碱；贯通性裂缝	不允许
2	复合条板面层脱落	不允许
3	板面裂缝，长度 50～100mm，宽度 0.5～1.0mm	≤2 处/板
4	蜂窝气孔，长径 5～30mm	≤3 处/板
5	缺棱掉角，宽度×长度，10mm×25mm～20mm×30mm	≤2 处/板

注　1. 序号 2：复合夹芯条板检测此项。
　　2. 序号 3、4、5 项中低于下限值的缺陷忽略不计，高于上限值的缺陷为不合格。

尺寸偏差应符合表 8－7 的规定。

表 8-7　隔墙板尺寸允许偏差

序号	项目	允许偏差	序号	项目	允许偏差
1	长度	±5mm	4	板面平整度	≤2mm
2	宽度	±2mm	5	对角线差	≤6mm
3	厚度	±1mm	6	侧向弯曲	$L/1000$

12. 墙体填充材料

复合夹芯条板隔墙所用配套材料及嵌缝材料的规格、性能应符合设计要求，并应符合国家现行有关标准的规定。

复合夹芯条板的面板和芯材应符合国家现行有关产品标准的规定，并应符合下列规定：

（1）面板应采用燃烧性能为A级的无机类板材。

（2）芯材燃烧性能应为B1级及以上，并应按国家标准《建筑材料不燃性试验方法》（GB/T 5464—2010）的有关规定进行检测。面层与芯层应黏结密实、连接牢固，无脱层、翘曲、折裂及缺损，不得出现空鼓和剥落。对于纸蜂窝夹芯条板，芯板应为连续蜂窝状芯材，面密度不应小于6kg/m²；单层蜂窝厚度不宜大于50mm，当大于50mm时应设置多层的结构。

13. 龙骨、檩条材料

工程所用的材料应符合设计文件和现行有关标准的规定，应具有质量合格证明文件，并应经进场检验合格后使用。龙骨外形要平整、棱角清晰，切口不应有毛刺和变形。镀锌层应无起皮、起瘤、脱落等缺陷，无影响使用的腐蚀、损伤、麻点，每米长度内面积不大于1cm²的黑斑不多于3处。涂层应无气泡、划伤、漏涂、颜色不均等影响使用的缺陷。

14. 门窗材料

进入现场的防火门、金属窗等门窗应进行检验，并检查下列文件和记录：材料的进场合格证书、性能检测报告。特种门及其附件的生产许可文件。

门窗工程应对下列材料及其性能指标进行复验：人造木板门的甲醛释放量；建筑外窗的气密性能、水密性能和抗风压性能。玻璃的层数、品种、规格、尺寸、色彩、图案和涂膜朝向应符合设计要求。铝合金门窗表面应洁净、平整、光滑、色泽一致，无锈蚀，大面应无划痕、碰伤，漆膜或保护层应连续。

金属卷帘门表面应洁净，无划痕、碰伤等现象，焊接处应牢固，外观平整，不允许有夹渣、漏焊等现象。防护门、全玻门和伸缩门表面应洁净，无划痕、碰伤等现象。门窗玻璃表面应洁净，不得有腻子、密封胶、涂料等污渍。中空玻璃内外表面均应洁净，玻璃中空层内不得有灰尘和水蒸气。

15. 其他材料

钢结构用橡胶垫的品种、规格、性能等应符合管家产品标准和设计要求。钢结构工程所涉及的其他特殊材料，其品种、规格、性能等应符合国家产品标准和设计要求。

8.3.3 施工要求及工艺标准

单层钢结构整体垂直度和整体平面弯曲的允许偏差见表8-8。

表 8-8 单层钢结构整体垂直度和整体平面弯曲的允许偏差

项 目	允 许 偏 差	图 例
主体结构的整体垂直度	$H/1000$，且不应大于 25m	Δ H
主体结构的整体平面弯曲	$L/1500$，且不应大于 25m	Δ l

多层及高层钢结构主体结构的整体垂直度和整体平面弯曲的允许偏差应符合表 8-9 的标准。检查数量：对主要立面全部检查。对每个所检查的立面，除两列角柱外，尚应至少选取一列中间柱。

表 8-9 多层及高层钢结构整体垂直度和整体平面弯曲的允许偏差

项 目	允 许 偏 差	图 例
主体结构的整体垂直度	$H/2500+10$mm， 且不应大于 50mm	Δ H
主体结构的整体平面弯曲	$L/1500$，且不应大于 25mm	Δ l

安装就位的钢构件未及时校正、固定的防治措施：安装就位的钢结构件如果不及时校正、固定，当天未形成稳定的空间体系，一方面会增加构件校正难度，影响安装精度，另一方面会影响钢结构安装阶段的结构稳定和安全。

安装就位的钢构件应及时校正、固定，并应在当天形成稳定的几何单位空间结构体系。

对于多层钢结构，应以一节柱结构楼层或多个节间为几何空间，安装、校正完毕后，及时进行梁、柱节点的固结。

校正、固定后的钢结构安装误差应符合国家标准《钢结构工程施工质量验收标准》(GB 50205—2020)的规定。

1. 钢柱、钢梁安装时的要求

柱的安装应先调整标高，再调整位移，最后调整垂直偏差，并应重复上述步骤，直至柱的标高、位移、垂直偏差符合要求。调整柱垂直度的缆风绳或支撑夹板，应在柱起吊前在地面扎好。

柱上的爬梯以及大梁上的轻便走道，应预先固定在构件上一起起吊。柱、主、支等大构件安装时，应及时进行校正。柱在安装校正时，水平偏差校正到允许差以内，垂直偏差应达到±0.000。在安装柱和柱之间的主梁时，应根据焊量收缩量预留焊变形值，预留的变形值应作书面记录。

用风绳或支撑校正柱时，应在缆风绳或支撑松开状态使柱保持垂直，才算校正完毕。当上柱和下柱发生扭转错位时，应采用在连接上柱和下柱的临时耳板处加垫板的方法进行调整。

在安装柱与柱之间的主梁构件时，应对柱的直度进行监测。除监测一根梁两端柱子的垂直度变化外，还应监测相邻各柱因梁连接而产生的垂直度变化。柱与柱的接头焊接，应由2名焊工在相对称位置以相等速度同时施焊。加引弧板焊接柱与柱接头时，柱两相对边的焊缝首次焊接的层数不宜超过4层。焊完第一个4层，切去引弧板和清理焊缝表面后，转90°焊另两个相对边的焊缝。这时可焊完8层，再换至另外两个相对边，如此循环直至焊满整个柱接头的焊缝。

不加引弧板焊接柱与柱接头时，应由2名焊工在相对位置以逆时针方向在距柱角50mm处起焊。焊完一层后，第二层及以后各层均在离前一层起焊点30～50mm处起焊。

每焊一遍应认真清渣，焊到柱角处要稍放慢速度，使柱角焊缝饱满。最后一层盖满焊缝，可采用直径较小的焊条和较小的电流进行焊接。梁和柱接头的焊接，应设长度大于3倍焊缝厚度的引弧板。引弧板的厚度应和焊缝厚度相适应，焊完后割去引弧板时应留5～10mm。

梁与柱接头的焊缝，宜先焊梁的下翼缘板，再焊其上翼缘板。先焊梁的一端，待其焊缝冷却至常温后，再焊另一端，不宜对一根梁的两端同时施焊。

柱与柱、梁与柱接头焊接试验完毕后，应将焊接工艺全过程记录下来，测量出焊缝的收缩值，反馈到钢结构制作厂，作为柱和梁加工时增加长度的依据。

2. 构件安装的核查要求

核查钢结构主体结构的整体垂直度和整体平面弯曲或挠度值是否符合标准要求。

检查钢结构主体结构垂直度和整体平面弯曲。

紧固件连接：紧固件连接工程是钢结构工程最重要的分项之一，也是目前施工质量的薄弱环节之一，为保证紧固件连接工程的施工质量，监理工程师必须以高度的责任心，在督促承包单位增强质量意识、加强质量管理、落实质量保证措施的同时，积极采用旁站监督、平行检验等工作方法，只有这样才能使紧固件连接工程的施工质量处于严格的控制之下。不同螺栓的相关参数见表8-10和表8-11。

表 8-10　扭剪型高强度螺栓初拧（复拧）扭矩值

螺栓公称直径	M16	M20	M22	M24	M27	M30
初拧（复拧）扭矩/(N·m)	115	220	300	390	560	760

表 8-11　高强度大六角头螺栓施工预拉力　单位：kN

螺栓性能等级	螺栓公称直径						
	M12	M16	M20	M22	M24	M27	M30
8.8S	50	90	140	165	195	255	310
10.9S	60	110	170	210	250	320	390

注意高强度螺栓摩擦面的加工质量及安装前的保护，防止污染、锈蚀。并在安装前进行高强度螺栓摩擦面的抗滑系数试验、检查高强度螺栓出厂证明、批号，对不同批号的高强度螺栓定期抽做轴力试验。经表面处理后的高强度螺栓连接摩擦面应符合下列规定：

连接摩擦面应保持干燥、清洁，不应有飞边、毛刺、焊接飞溅物、焊疤、氧化铁皮、污垢等。

经处理后的摩擦面应采取保护措施，不得在摩擦面上做标记。

摩擦面采用生锈处理方法时，安装前应以细钢丝刷垂直于构件受力方向除去摩擦面上的浮锈。高强度螺栓安装要求自由穿入，不得敲打和扩孔。因此在钢结构制作时应准备一定的胎架模具以控制其变形，并在构件运输时采取切实可行的固定措施以保证其尺寸稳定性。

高强度螺栓应在构件安装精度调整后进行拧紧。高强度螺栓安装应符合下列规定：扭剪型高强度螺栓安装时，螺母带圆台面的一侧应朝向垫圈有倒角的一侧。大六角头高强度螺栓安装时，螺栓头下垫圈有倒角的一侧应朝向螺栓头，螺母带圆台面的一侧应朝向垫圈有倒角的一侧。钢结构安装过程中板叠接触面应平整，接触面必须大 75%，边缘缝隙不得大于 0.8mm。对高强度螺栓安装工艺、包括操作顺序、安装方法、紧固顺序、初拧、终拧进行严格控制检查，拧螺栓的扭力扳手应进行标定等。终拧完毕应逐个检查，对欠拧、超拧的应进行补拧或更换。

高强度螺栓连接副的初拧、复拧、终拧宜在 24h 内完成。高强度大六角头螺栓连接副终拧完成 1h 后、48h 内应进行终拧扭矩检查，检查结果应符合国家标准《钢结构工程施工质量验收标准》(GB 50205—2020) 的规定。检查数量：按节点数抽查 10%，且不应少于 10 个；每个被抽查节点按螺栓数抽查 10%，且不应少于 2 个。

扭剪型高强度螺栓连接副终拧后，除因构造原因无法使用专用扳手终拧掉梅花头者外，未在终拧中拧掉梅花头的螺栓数不应大于该节点螺栓数的 5%，对所有梅花头未拧掉的扭剪型高强度螺栓连接副，应采用扭矩法或转角法进行终拧并作标记，且按规定进行终拧扭矩检查。检查数量：按节点数抽查 10%，但不应少于 10 个节点，被抽查节点中梅花头未拧掉的扭剪型高强度螺栓连接副全数进行终拧扭矩检查。

高强度螺栓连接副终拧后，螺栓丝扣外露应为 2～3 扣，其中允许有 10%的螺栓丝扣外露 1 扣或 4 扣。

永久性普通螺栓紧固应牢固、可靠，外露丝扣不应少于 2 扣。连接薄钢板采用的拉铆钉、自攻钉、射钉等，其规格尺寸应与被连接钢板相匹配，其间距、边距等应符合设计文件的要求。钢拉铆钉和自攻螺钉的钉头部分应靠在较薄的板件一侧。自攻螺钉、钢拉铆钉、射钉等与连接钢板应紧固密贴，外观应排列整齐。

紧固件连接的检查要求：核查产品出厂合格证及试验报告中的产品品种、规格与单位工程结构设计、变更设计文件和原材料汇总表是否一致，是否按批取样，取样所代表的批量之和是否与符合用量相符。

核查高强度大六角螺栓连接副、扭剪型高强度螺栓连接副的连接摩擦面抗滑移系数复验报告是否符合要求。

当高强度螺栓连接副保管时间超过6个月后使用时，应按相关要求重新进行扭矩系数或紧固轴力试验，并应在合格后再使用。

核查高强度大六角头螺栓连接副、扭剪型高强度螺栓连接副扭矩检验报告是否符合要求。

焊接工程：焊接工程的质量控制要点，焊接工程是钢结构制作和安装工程最重要的分项之一，监理工程师必须从事前准备、施焊过程和成品检验各个环节，切实做好焊接工程的质量控制工作。

焊条、焊丝、焊剂、电渣焊熔嘴等焊接材料与母材的匹配应符合设计要求及行业标准的规定。焊条、焊剂、药芯焊丝、熔嘴等在使用前，应按其产品说明书及焊接工艺文件的规定进行烘焙和存放。焊工必须经考试合格并取得合格证书。持证焊工必须在其考试合格项目及其认可范围内施焊。

凡符合以下情况之一者，应在钢结构构件制作及安装施工之前进行焊接工艺评定：国内首次应用于钢结构工程的钢材（包括钢材牌号与标准相符合但微合金强化元素的类别不同和供货状态不同，或国外钢号国内生产）；国内首次应用于钢结构工程的焊接材料；设计规定的钢材类别、焊接材料、焊接方法、接头形式、焊接位置、焊后热处理方法以及施工单位所采用的焊接工艺参数、预后热措施等各种参数的组合条件为施工企业首次采用。

设计要求全焊透的一级、二级焊缝应采用超声波探伤进行内部缺陷的检验，超声波探伤方法应符合国家标准《焊缝无损检测　射线检测　第1部分：X和伽玛射线的胶片技术》（GB/T 3323.1—2019）的规定。

一级、二级焊缝质量等级及缺陷分级，见表8-12。

表8-12　　一级、二级焊缝质量等级及缺陷分级

项　　目		焊缝质量等级	
		一级	二级
内部缺陷超声波探伤	评定等级	Ⅱ	Ⅲ
	检验等级	B级	B级
	探伤比例	100%	20%
内部缺陷射线探伤	评定等级	Ⅱ	Ⅲ
	检验等级	AB级	AB级
	探伤比例	100%	20%

T 型接头和十字接头均要求接头熔透，角接接头要求组合焊缝，其焊脚尺寸不应小于 $t/4$（t 为较薄薄板件的厚度）；设计有疲劳验算要求的吊车梁或类似构件的腹板与上翼缘连接焊缝的焊脚尺寸为 $t/2$，且不应大于 10mm，焊脚尺寸的允许偏差为 0～4mm。检查数量：资料全数检查；同类焊缝抽查 10%，且不应少于 3 条。

焊缝表面不得有裂纹、焊瘤等缺陷。一级、二级焊缝不得有表面气孔、夹渣、弧坑裂纹、电弧擦伤等缺陷，且一级焊缝不得有咬边、未焊满、根部收缩等缺陷。检查数量：每批同类构件抽查 10%，且不应少于 3 件；被抽查构件中，每一类型焊缝按条数抽查 5%，且不应少于 1 条；每条检查 1 处，总抽查数不应少于 10 处。

施工单位对其采用的焊钉和钢板焊接应进行焊接工艺评定，其结果应符合设计要求和国家现行有关标准的规定。瓷环应按其产品说明书进行烘焙。应提供焊接工艺评定报告和烘焙记录。

焊钉焊接后应进行弯曲试验检查，其焊缝和热影响区不应有肉眼可见的裂纹。检查数量：每批同类构件抽查 10%，且不应少于 10 件；被抽查构件中，每件检查焊钉数量的 1%，且不应少于 1 个。

压型金属板的质量控制要点：压型金属板工程主要为钢板维护结构，是较新兴的建筑维护结构形式。目前，工程实际中出现的问题主要有：施工单位不制订彩板（夹芯板）施工方案，彩板接缝、板檩之间的连接、彩板配件制作安装等节点构造处理不细或不可靠，维护结构渗漏，彩板分项工程观感质量存在不平整、不顺直、不严密、变形、划伤、污染现象等。施工过程中注意以下几点：

彩板（夹芯板）制作安装前施工单位应制订周密可靠的彩板工程施工方案，尤其是要制订详细的排版方案、建筑构造做法及质量保证措施。

制作、安装过程中要加强巡视检查、旁站监督和平行检验，使大部分质量问题消灭在施工前和施工过程中。

严格进行检验批及分项工程验收，要确保节点构造合理、可靠、无渗漏，观感平整、顺直、严密、颜色均匀一致、板面无划伤、无锈斑、无污染。

压型金属板与主体结构（钢梁）的锚固支承长度应符合设计要求，且不应小于 50mm；端部锚固可采用点焊、贴角焊或射钉连接，设置位置应符合设计要求。

支承压型金属板的钢梁表面应保持清洁，压型金属板与钢梁顶面的间隙应控制在 1mm 以内。

安装边模封口板时，应与压型金属板对齐，偏差不大于 3mm。压型金属板安装应平整、顺直，板面不得有施工残留物和污物。压型金属板需预留设备孔洞时，应在混凝土浇筑完毕后使用等离子切割或空心钻开孔，不得采用火焰切割。

设计文件要求在施工阶段设置临时支撑时，应在混凝土浇筑前设置临时支撑，待浇筑的混凝土强度达到规定强度后方可拆除。混凝土浇筑时应避免在压型金属板上集中堆载。

现浇混凝土屋面板预埋采暖、照明及辅助监控系统等管道时，应采用暗埋方式，且埋管应在混凝土浇筑前完成。

压型金属板的安装应符合下列规定：压型金属板材应采用电动剪刀切割、开孔，按审定的排版图进行加工、铺设。泛水、包角和封口等金属板应采用机械折制，固定应可靠、牢固；防腐涂料涂刷和密封材料施工应完好，连接件数量和间距应符合设计要求。压型金属板应在支承构件上可靠搭接，搭接长度应符合设计及表8-13的规定要求。

表8-13　压型金属板在支撑构件上的搭接长度　单位：mm

项目		搭接长度
截面高度>70		375
截面高度≤70	屋面坡度<1/10	250
	屋面坡度≥1/10	200
墙面		120

压型金属板安装应平整、顺直。板面上不应有施工残留物或污物，不应有未经处理的错钻孔洞，不应有变形、划痕。檐口和墙面下端应成一直线，泛水板、包角板及纵横两方向上的连接件应成一直线。压型金属板间搭接应可靠、紧贴，螺钉间距、数量要求见表8-14。

表8-14　螺钉间距、数量要求　单位：mm

项目	允许偏差
檐口与屋脊的平行度	12.0
压型金属板波纹线对屋脊的垂直度	L/800，且不应大于25.0
檐口相邻两块压型金属板端部错位	6.0
压型金属板卷边板件最大波浪高	4.0
压型金属板在钢梁上相邻列的错位	15.0

注：L为屋面半坡或单坡长度。

压型金属板材的连接和密封处理应符合设计要求，不得有渗漏现象。

压型钢板的核查要求：金属压型板及制造金属压型板所采用的原材料，其品种、规格、性能等应符合现象国家产品标准和设计要求。压型金属边模和零配件的品种、规格以及防水密封材料的性能应符合现行国家产品标准和设计要求。

除锈及涂装工程：除锈剂涂装工程的质量控制要点，钢结构的除锈和涂装是目前钢结构承包单位较易忽视的一项工作，也是钢结构工程施工的薄弱环节。这种现象不纠正，对钢结构的施工质量影响甚大，因为除锈和涂装质量的合格与否直接影响钢结构今后使用期间的维护费用，还影响钢结构工程的使用寿命、结构安全及发生火灾时的耐火时间（防火涂装）。

施工人员要根据图纸要求以及除锈等级采用不同的除锈方法。经处理的钢材表面不应有焊渣、焊疤、灰尘、油污、水和毛刺等；对于镀锌构件，酸洗除锈后，钢材表面应露出金属色泽，并应无污渍、锈迹和残留酸液。

漆料、涂装遍数、涂层厚度应符合设计要求；构件表面不应误漆、漏涂，涂层应均匀，无脱皮、返锈且无明显皱皮、流坠、针眼和气泡等；涂层厚度偏差（设计无要求时）要求室外：150μm（其允许偏差为不小于−25μm），室内：125μm（其允许偏差为不小于−5μm）。

钢结构涂装时的环境温度和相对湿度，除应符合涂料产品说明书的要求外，还应符合下列规定：产品说明书对涂装环境温度和相对湿度未作规定，环境温度宜为5～38℃，相对湿度不应大于85%，钢材表面温度应高于露点温度3℃，且钢材表面温度不应超过40℃，表面不得有凝露。

遇雨、雾、雪、强风天气时应停止露天涂装，应避免在强烈阳光照射下施工。涂装后4h内应采取保护措施，避免淋雨和沙尘侵袭。风力超过5级时，室外不宜喷涂作业。涂料调制应搅拌均匀，应随拌随用，不得随意添加稀释剂。

不同涂层间的施工应有适当的重涂间隔时间，最大及最小重涂间隔时间应符合涂料产品说明书的规定，应超过最小重涂间隔再施工，超过最大重涂间隔应按涂料说明书的指导进行施工。

表面除锈处理与涂装的间隔时间宜在12h以内，在车间内作业或湿度较低的晴天不应超过12h。构件油漆补涂应符合规定：表面涂有工厂底漆的构件，因多种原因造成重新锈蚀或附有白锌盐时，应经表面处理后再按原涂装规定予以补漆；运输、安装过程的涂层破损、焊接烧伤等，应根据原涂装规定进行补涂。防火涂料涂装前，钢材表面除锈及防腐涂装应符合设计文件和国家现行有关标准的规定。

基层表面应无油污、灰尘和泥沙等污垢，且防腐层应完整、底漆无漏刷。构件连接处的缝隙应采用防火涂料或其他防火材料填平。选用的防火涂料应符合设计文件和国家现行有关标准的规定，具有一定抗冲击能力和粘接强度，不应腐蚀钢材。

防火涂料可按产品说明要求在现场进行搅拌或调配，配置的涂料应在产品说明书规定的时间内用完。防火涂料涂装应分层施工，应在上层涂层干燥或固化后，再进行下道涂层施工。

厚涂型防火涂料有下列情况之一时，应重新喷涂或补涂：涂层干燥固化不良，黏结不牢或粉化、脱落；钢结构接头和转角处的涂层有明显凹陷；涂层厚度小于设计规定厚度的85%；涂层厚度未达到设计规定厚度，且涂层连续长度超过1m。

薄涂型防火涂料面层涂装施工应符合下列规定：面层应在底层涂装干燥后开始涂装；面层涂装应颜色均匀、一致，接槎应平整；薄涂型防火涂料的涂层厚度应符合有关耐火极限的设计要求；厚涂型防火涂料涂层的厚度，80%及以上面积应符合有关耐火极限的设计要求，且最薄处厚度不应低于设计要求的85%。

除锈剂涂装工程的核查要求：核查设计文件、试验报告，核查防腐涂料的涂层干漆膜厚度是否符合要求。

外墙檩条：外墙檩条安装，外墙墙架的布置应满足外墙板的安装要求，需要对墙架的材料和连接节点进行二次深化时，深化后的图纸必须经过原设计单位认可后实施。构件现场堆放时应依照安装顺序排列放置，放置架应有足够的承载力和刚度，在室外储存时应采取保护措施。

吊装前，应检查预埋铁件、檩托的位置和标高是否准确。采用后置埋件时，应通过试验确定其承载力。龙骨的节点连接方式应符合设计图纸要求。当设计有墙架立柱时，宜先安装立柱后安装横梁或檩条。构架吊装：吊装立柱、横梁和檩条时，应采取适当措施，防止产生永久变形，并应垫好绳扣与构件的接触面部位，吊装构件时不得碰撞、损坏和污染构件。

吊装就位后应及时与结构连接，采用螺栓连接或点焊定位，并采取可靠措施，保证构件稳定。

复核、校正龙骨的轴线位置和标高，调整完成后应及时连接牢固。采用焊接连接时，焊缝应饱满，焊缝质量符合设计要求。采用螺栓连接时，螺栓紧固力应满足规定要求。墙架立柱中心线对定位轴线的偏移允许偏差不大于10mm；墙架立柱垂直度允许偏差不大于$H/1000$（H为柱的高度），且不大于10mm。檩条、墙梁的间距允许偏差不大于±5.0mm；檩条、墙梁的弯曲失高允许偏差不大于$L/750$（L为檩条、墙梁的长度），且不大于10.0mm。安装就位后应对在运输、吊装过程中漆膜脱落部位以及安装焊缝两侧未油漆部位补涂防腐涂料，使之不低于相邻部位的防护等级。

成品保护：不得利用已安装就位的冷弯薄壁型构件起吊其他重物，不得在主要受力部位加焊其他物件。

外墙檩条的核查要求：金属压型板及制造金属压型板所采用的原材料，其品种、规格、性能等应符合现行国家产品标准和设计要求。压型金属边模和零配件的品种、规格以及防水密封材料的性能应符合现行国家产品标准和设计要求。

外墙板（围护工程）：外围护系统安装，外围护部品安装宜与主体结构同步进行，应在安装部位的主体结构验收合格后进行。安装前的准备工作应符合下列规定：对所有进场部品、零配件及辅助材料应按设计规定的品种、规格、尺寸和外观要求进行检查，并应有合格证明文件和性能检测报告。

应将部品连接面清理干净，并对预埋件和连接件进行清理和防护。应按部品排版图进行测量放线。墙板安装应符合下列规定：墙板应设置临时固定和调整装置。墙板应在轴线、标高和垂直度调校合格后方可永久固定。

当条板采用双层墙体安装时，内、外层墙板的拼缝宜错开。接缝材料及构造应满足防水、防渗、抗裂、耐久等要求，应与外墙板具有相容性。

宜避免接缝跨越防火分区，当接缝必须跨越防火分区时，接缝室内侧应采用耐火材料封堵。

骨架隔墙体内墙板安装应符合下列规定：

骨架隔墙所用龙骨、配件、墙面板、填充材料及嵌缝材料的品种、规格、性能和木材的含水率应符合设计要求。有隔声、隔热、阻燃和防潮等特殊要求的工程，材料应有相应性能等级的检验报告。

骨架隔墙地梁所用材料、尺寸及位置等应符合设计要求。骨架隔墙的沿地、沿顶级边框龙骨应与基体结构连接牢固。骨架隔墙中龙骨间距和构造连接方法应符合设计要求，骨架内设备管线的安装、门窗洞口等部位加强龙骨的安装应牢固、位置正确。

填充材料的品种、厚度及设置应符合设计要求。骨架隔墙内的填充材料应干燥，填充应密实、均匀、无下坠。

石膏板宜竖向铺设，长边接缝应安装在竖龙骨上。龙骨两侧的石膏板及龙骨一侧的双层板的接缝应错开，不得在同一根龙骨上接缝。轻钢龙骨应用自攻螺钉固定，木龙骨应用木螺钉固定。沿石膏板周边钉间距不得大于200mm，板中钉间距不得大于300mm，螺钉与板边距离应为10～15mm。安装石膏板时应从板的中部向板的四边固定。钉头略埋入板内，但不得损坏纸面，钉眼应进行防锈处理。石膏板的接缝应按设计要求进行板缝处理，石膏板与周围或柱应留有3mm的槽口，以便进行防开裂处理。

骨架隔墙的墙面板应安装牢固，无脱层、翘曲、折裂及缺损。墙面板所用接缝材料的接缝方法应符合设计要求。应及时对设备管线的安装及水管试压进行隐蔽工程验收。

骨架隔墙表面应平整光滑、色泽一致、洁净、无裂缝，接缝应均匀、顺直。骨架隔墙上的孔洞、槽、盒应位置正确、套隔吻合、边缘整齐。

外墙体金属夹芯板安装应符合下列规定：外墙墙板连接节点应符合设计要求。当设计无明确要求或允许二次深化时，可由有设计资质的单位对连接节点进行二次深化。墙板应根据门、窗洞口进行策划，合理匹配板宽、板长模数，避免对墙板进行切割。外墙墙板应与支撑面平行，支撑宽度不小于40mm。每个墙板支撑端至少有两个紧固件，紧固件应隐蔽布置。

金属面夹芯板、零配件安装固定应可靠、牢固，防腐涂料涂刷和密封材料敷设应完好，连接件质量、间距应符合设计要求。金属面夹芯板搭接应严密、完整、牢固，且应无开裂、脱落现象。连接金属面夹芯板、包角板采用的自攻螺钉、拉铆钉、射钉规格尺寸及间距、边距等应符合设计要求。

金属面夹芯板搭接长度应符合设计要求；金属面夹芯板搭接部位、各连接节点部位应密封完整、连续。金属面夹芯板安装应平整、顺直，板面不应有施工残留物、污物和破损。墙体外观平整、光滑、色泽一致、接缝顺直。

檐口和墙面下端应呈直线，不应有未经处理的错钻孔洞。洞口施工，在设计联络会中明确接口位置和要求，墙板应避免现场开设门窗洞口。墙板上安装吊挂件、设备时，不能直接与墙板连接，应与结构件连接。宜采用明装，避免对墙板切割后影响墙板整体力学、防火性能。开设孔洞后应采取措施，保证洞口位置正确、套隔方正、边缘整齐，并设置渗漏措施，不能外漏芯材。墙体垂直度不大于5mm，横向平整度不大于5mm；接缝处平面度偏差不大于2mm；洞口每米长度内水平度偏差不大于3mm，每米长度内垂直度偏差不大于3mm。

成品保护：外墙墙板安装完成后，应及时在易碰触位置设置防护措施，张贴保护警示牌。

装配式水泥纤维复合墙板安装应符合下列规定：墙板加工厂家需根据檩条位置，在墙板加工过程中提前预埋螺栓，并放样加工。槽口侧面不得有损坏或裂缝现象，内壁应光滑、洁净，不得有目视可见的阶梯。切割、开槽、钻孔后的纤维水泥板加工表面，应立即用干燥的压缩空气进行清洁处理，并进行边缘密封防护处理。

预埋件的预埋位置应符合设计要求。立柱安装就位、调整后应及时紧固；横梁应安装牢固，伸缩间隙宽度应满足设计要求，采用密封胶对伸缩间隙进行填充处理时，密封胶填缝应均匀、密实、连续。横梁安装完成一层高度时，应及时进行检查、校正和固定。防火、保温材料应铺设平整且可靠牢固，拼接处不应留隙。冷凝水排出管及其附件应与水平构件预留孔连接严密，与内衬板出水孔连接处应采取密封措施。其他通气槽、孔及雨水排出口等应按设计要求施工，不得遗漏。封口应按设计要求进行封闭处理。

板缝密封施工，不得在雨天打胶，也不宜在夜晚进行。打胶温度应符合设计要求和产品要求，打胶前应使打胶面清洁、干燥，较深的密封槽口底部应采用聚乙烯发泡材料填塞。

隔墙板（轻质条板隔墙）安装应符合下列规定：条板隔墙的预埋件、连接件的位置、规格、数量和连接方法应符合设计要求。条板之间、条板与建筑主体结构的结合应牢固，稳定，连接方法应符合设计要求。条板隔墙安装所用接缝材料的品种及接缝方法应符合设计要求。

条板安装应垂直、平整、位置正确，转角应规整，板材不得有缺边、掉角、开裂等缺陷。条板隔墙表面应平整、接缝应顺直、均匀，不应有裂缝。隔墙上开的孔洞、槽、盒应位置准确、套割方正、边缘整齐。

外墙板（围护工程）核查要求：检查外墙板的合格证和试验报告是否满足设计要求。检查外墙板安装的垂直度、水平度、平整度。检查外墙板的面层是否在安装过程中损坏。

8.3.4 常见施工节点控制建议

屋面女儿墙避雷带建议：避雷带从女儿墙侧壁引出时圆钢的夹角要小于90°，形成一个鹰嘴形状，防止雨水通过圆钢流至与女儿墙交接处，增强了耐久性，禁止在装配式墙板顶面开孔引出。

接地扁铁引上及引出建议：接地扁铁引上及引出，上引接地扁铁不得与钢构件直接接触，需做隔断措施，接地上引需加强防水及耐久性防护措施，禁止在装配式墙板顶面开孔引出。

配电装置楼沉降观测点建议：配电装置楼沉降观测点，为避免外墙板直接开孔，增强墙板的减少渗水风险，在基础接地施工时，直接引出一个小基础，与配电装置楼为一个整体，同时进行施工，上引至室外地坪以上，设置沉降观测点。

GIS室等地锚建议：GIS室等地锚需考虑避开踢脚线装饰高度，且设计时要考虑钢柱与饰面板之间的防火涂料、隔墙板的厚度设置地锚。墙体预留孔洞建议：墙体预留孔洞，四周需增加节点加固措施并隐蔽在墙板构造里；隔墙采用轻质复合墙体时，预留洞口上方需用轻质复合墙体整板安装，均匀分布在洞口两端的立板上，禁止预留洞口上方两块板拼接。

室内外交接处的墙板底部建议：室内外交接处的墙板底部，需设置200mm的混凝土挡水翻边，内隔墙底部设置120～150mm的翻边，禁止隔墙墙板和石膏板直接落在地面上受潮。

楼层板底模施工建议：楼层板底模统一采用闭口压型钢板，现场需加强楼层板混凝土浇筑时的管控，杜绝因混凝土集中浇灌引起压型钢板底模变形。

门窗建议：门窗采用定制内门、窗套，外窗宜采用外凸式带鹰嘴、滴水线的成品窗；外窗台板应设置内高外低的坡度，百叶窗与采光窗上下布置时，采用成套定制，门窗施工前预留接地点，所有门窗的接地点应设置在每个门窗的同一位置，并设置接地标识。

屋面采用正置式屋面建议：屋面采用正置式屋面，由于现在钢结构工程楼层板底膜为闭口型钢模板，下表面为全封闭，不利于排气，所有建议采用正置式屋面的施工工艺防水层设置在保温层上方，合理布置排气孔，便于楼板水汽排放。

GIS室与其室外吊装平台楼层板施工时建议：根据以往工程经验，由于GIS室都有二次浇筑层，第一次浇筑时室内外存在高低差，所以应考虑高低差的位置整体性，必须用钢筋连接起来，未连接会导致混凝土开裂渗水。

檩条连接方式建议：檩条禁止采用焊接连接方式，因为檩条焊接后另一侧无法做防腐处理，会腐蚀生锈，应采用螺栓连接，所有厂家图纸深化时对螺栓开孔的位置应准确。

内墙装饰板选材建议：内墙装饰板应选择平面免漆板，不得选用波纹板，因为波纹板不利于开关盒、配电箱、门窗等预留洞口的收口，影响美观，内墙装饰板施工前应进行排版，避免到柱边或梁底时，板材不得小于半块。

8.3.5 钢结构各阶段验收项目及检查清单

开工前钢结构验收要求见表8-15。

表8-15 开工前钢结构验收要求

验收项目	检查内容	符合性	规程规范	验收要求（概要）
施工方案	施工方案应符合设计图纸要求，并按照规定进行审批	□是 □否	《变电站装配式钢结构建筑施工验收规范》（Q/GDW 11688—2017）（4.2）	钢结构工程实施前，应编制专项施工方案等技术文件，并按有关规定报送监理工程师和业主代表。对于属于危险性较大的分部分项工程施工技术方案应组织专家评审
	钢结构工程现场安装必须与设计图纸、审批同意的方案保持一致	□是 □否	《变电站装配式钢结构建筑施工验收规范》（Q/GDW 11688—2017）（4.4）	钢结构工程安装必须满足设计施工图及施工方案的要求
地脚螺栓	原材料质量证明文件	□是 □否	《变电站装配式钢结构建筑施工验收规范》（Q/GDW 11688—2017）（5.1.1）	钢结构工程所用的材料应符合设计文件和现行有关标准的规定，应具有质量合格证明文件，并应经进场检验合格后使用
	检测报告（地脚螺栓：化学成分分析、最小抗拉强度、硬度；螺母：化学成分分析、保证荷载、硬度）	□是 □否	《输电杆塔用地脚螺栓与螺母》（DL/T 1236—2021）（5.3.1、5.3.2、6.1、6.2）	地脚螺栓、螺母各性能等级用钢的化学成分应按相关的国家标准进行评定；地脚螺栓实施的机械性能试验项目：最小抗拉强度、硬度；螺母实施的机械性能试验项目（≤39mm）：保证荷载（拉力试验）、硬度（硬度试验）；热浸镀锌产品应在镀锌后实施试验
	原材料外观	□是 □否	《输电杆塔用地脚螺栓与螺母》（DL/T 1236—2021）（7.1.9）	地脚螺栓不应有爆裂、裂纹和痕皱等现象存在，表面缺陷应控制在能够接受的范围内

续表

验收项目	检查内容	符合性	规程规范	验收要求（概要）
钢构件（钢柱、钢梁等）	原材料质量证明文件	□是 □否	《变电站装配式钢结构建筑施工验收规范》（Q/GDW 11688—2017）（5.1.1、7.2.4）	钢结构工程所用的材料应符合设计文件和现行有关标准的规定，应具有质量合格证明文件，并应经进场检验合格后使用；工厂制作的钢构件在进场时，应提供工厂焊缝检测报告，并在现场检查焊缝的焊接质量
	检测报告（钢材：力学性能、化学成分分析）	□是 □否	《变电站装配式钢结构建筑施工验收规范》（Q/GDW 11688—2017）（5.2.4）	钢材复验内容应包括力学性能试验和化学成分分析，其取样、制样及试验方法可按相应的标准执行
	原材料外观	□是 □否	《钢结构工程施工质量验收标准》（GB 50205—2020）（4.2.4、4.2.5）	型钢的规格尺寸及允许偏差符合其产品标准的要求；当钢材的表面有锈蚀、麻点或划痕等缺陷时，其深度不得大于该钢材厚度允许偏差值的1/2；钢材表面的锈蚀等级需满足《涂覆涂料前钢材表面处理 表面清洁度的目视评定》（GB 8923）规定的C级及以上；钢材端边或断口处不应有分层、夹渣等缺陷；工厂制作的钢构件其焊缝（二级）表面不得有气孔、夹渣、弧坑裂纹、电弧擦伤等缺陷
普通紧固件（普通螺栓、自攻钉、拉杆钉、射钉等）	原材料质量证明文件（普通螺栓）	□是 □否	《变电站装配式钢结构建筑施工验收规范》（Q/GDW 11688—2017）（5.1.1）	钢结构工程所用的材料应符合设计文件和现行有关标准的规定，应具有质量合格证明文件，并应经进场检验合格后使用
	检测报告（最小拉力荷载）	□是 □否	《变电站装配式钢结构建筑施工验收规范》（Q/GDW 11688—2017）（5.4.4）	普通螺栓作为永久性连接螺栓时，且设计有要求或对其质量有疑义时，应进行螺栓实物最小拉力荷载复验，复验时每一规格螺栓抽查8个（注：前提条件需满足）
高强度螺栓	原材料质量证明文件	□是 □否	《变电站装配式钢结构建筑施工验收规范》（Q/GDW 11688—2017）（5.1.1、5.4.2）	钢结构工程所用的材料应符合设计文件和现行有关标准的规定，应具有质量合格证明文件，并应经进场检验合格后使用；高强度大六角头螺栓连接副和扭剪型高强度螺栓连接副，应分别有扭矩系数和紧固轴力（预拉力）的出厂合格检验报告，并随箱带

续表

验收项目	检查内容	符合性	规程规范	验收要求（概要）
高强度螺栓	检测报告（高强度大六角头螺栓连接副扭矩系数或扭剪型高强度螺栓连接副预拉力复验、摩擦面的抗滑移系数试验和复验）	□是 □否	《变电站装配式钢结构建筑施工验收规范》（Q/GDW 11688—2017）（5.4.3、7.3.4）	高强度大六角螺栓连接副和扭剪型高强度螺栓连接副，应分别进行扭矩系数和紧固轴力（预拉力）复验，试验螺栓应从施工现场待安装的螺栓批中随机抽取，每批抽取8套连接副进行复验；高强度螺栓连接处的摩擦面可根据设计抗滑移系数的要求选择处理工艺，抗滑移系数应符合设计要求
	原材料外观	□是 □否	《变电站装配式钢结构建筑施工验收规范》（Q/GDW 11688—2017）（7.8.3）	螺栓、螺母、垫圈外观表面应涂油保护，不应出现生锈和沾染脏物，螺纹不应损伤
焊接材料（焊条、焊丝、焊剂、焊钉等）	原材料质量证明文件	□是 □否	《钢结构工程施工质量验收标准》（GB 50205—2020）（4.3.1、4.3.2）	焊接材料的品种、规格、性能等应符合现行国家产品标准和设计要求；重要钢结构采用的焊接材料应进行抽样复验，复验结果应符合现行国家产品标准和设计要求
	原材料外观	□是 □否	《钢结构工程施工质量验收标准》（GB 50205—2020）（4.3.3、4.3.4）	焊钉及焊接瓷环的规格、尺寸及偏差应符合国家标准《电弧螺柱焊圆柱头焊钉》（GB 10433—2002）中的规定；焊条外观不应有外皮脱落、焊芯生锈等缺陷，焊剂不应受潮结块
防腐涂料	原材料质量证明文件	□是 □否	《钢结构工程施工质量验收标准》（GB 50205—2020）（4.9.1）	钢结构防腐涂料、稀释剂和固化剂等材料的品种、规格、性能等应符合现行国家产品标准和设计要求
	原材料外观	□是 □否	《钢结构工程施工质量验收标准》（GB 50205—2020）（4.9.3）	防腐涂料的型号、名称、颜色及有效期应与其质量证明文件相符。开启后，不应存在结皮、结块、凝胶等现象
防火涂料	原材料质量证明文件	□是 □否	《变电站装配式钢结构建筑施工验收规范》（Q/GDW 11688—2017）（7.8.19）	防火涂料的型号、名称、颜色及有效期应与其质量证明文件相符
	检测报告（厚型防火涂料：抗压强度和粘接强度，薄型、超薄型防火涂料：粘接强度）	□是 □否	《变电站装配式钢结构建筑施工验收规范》（Q/GDW 11688—2017）（7.6.18）	选用的防火涂料应符合设计文件和国家现行有关标准的规定，具有一定抗冲击能力（抗压强度）和粘接强度，不应腐蚀钢材。厚型防火涂料需提供抗压强度和粘接强度检测报告，薄型、超薄型防火涂料需提供粘接强度检测报告
	原材料外观	□是 □否	《变电站装配式钢结构建筑施工验收规范》（Q/GDW 11688—2017）（7.8.19）	防火涂料的型号、名称、颜色及有效期应与其质量证明文件相符，无结皮、结块、凝胶等现象

钢结构安装验收要求见表8-16。

表8-16 钢结构安装验收要求

验收项目	检查内容	符合性	规程规范	验收要求（概要）
地脚螺栓	安装质量（测量定位、固定措施、保护措施）及隐蔽验收记录	□是 □否	《变电站装配式钢结构建筑施工验收规范》（Q/GDW 11688—2017）（7.5.13）	宜采用锚栓定位支架、定位板等辅助固定措施；锚栓和预埋件安装到位后，应可靠固定；当锚栓埋设精度较高时，可采用预留孔洞、二次埋设等；锚栓应采取防止损坏、锈蚀和污染的保护措施；钢柱地脚螺栓紧固后，外露部分应采取防止螺母松动和锈蚀的措施；当锚栓需要施加预应力时，可采用后张拉方法，张拉力应符合设计文件的要求，并应在张拉完成后进行灌浆处理
钢结构安装前测量定位记录及基础混凝土强度	测量定位记录及混凝土同条件强度检测报告	□是 □否	《变电站装配式钢结构建筑施工验收规范》（Q/GDW 11688—2017）（7.5.10）	钢结构安装前应对建筑的定位轴线、基础轴线和标高、地脚螺栓位置等进行检查，并办理交接验收，应符合下列规定：基础混凝土强度应达到设计要求；基础周围回填夯实应完毕；基础的轴线标志和标高基准点准确、齐全
普通螺栓连接	连接质量（钢构件）	□是 □否	《钢结构工程施工质量验收标准》（GB 50205—2020）（6.2.3）	永久性普通螺栓紧固应牢固、可靠，外露丝扣不应少于2扣
	连接质量（薄板）	□是 □否	《变电站装配式钢结构建筑施工验收规范》（Q/GDW 11688—2017）（7.3.8）	连接薄钢板采用的拉铆钉、自攻钉、射钉等，其规格尺寸应与被连接钢板相匹配，其间距、边距等应符合设计文件的要求。钢拉铆钉和自攻螺钉的钉头部分应靠在较薄的板件一侧。自攻螺钉、钢拉铆钉、射钉等与连接钢板应紧固密贴，外观应排列整齐
高强度螺栓连接	连接摩擦面	□是 □否	《变电站装配式钢结构建筑施工验收规范》（Q/GDW 11688—2017）（7.3.5）	经表面处理后的高强度螺栓连接摩擦面应符合下列规定：连接摩擦面应保持干燥、清洁，不应有飞边、毛刺、焊接飞溅物、焊疤、氧化铁皮、污垢等；经处理后的摩擦面应采取保护措施，不得在摩擦面上做标记；摩擦面采用生锈处理方法时，安装前应以细钢丝刷垂直于构件受力方向除去摩擦面上的浮锈

续表

验收项目	检查内容	符合性	规程规范	验收要求（概要）
高强度螺栓连接	安装质量及螺栓施工记录	□是 □否	《变电站装配式钢结构建筑施工验收规范》(Q/GDW 11688—2017)(7.3.12、7.3.13)	高强度螺栓应在构件安装精度调整后进行拧紧。高强度螺栓安装应符合下列规定：扭剪型高强度螺栓安装时，螺母带圆台面的一侧应朝向垫圈有倒角的一侧；大六角头高强度螺栓安装时，螺栓头下垫圈有倒角的一侧应朝向螺栓头，螺母带圆台面的一侧应朝向垫圈有倒角的一侧。高强度螺栓现场安装时应能自由穿入螺栓孔，不得强行穿入。螺栓不能自由穿入时，可采用铰刀或锉刀修整螺栓孔，不得采用气割扩孔，扩孔数量应征得设计单位同意，修整后或扩孔后的孔径不应超过螺栓直径的1.2倍
	高强度螺栓连接副保管时间	□是 □否	《变电站装配式钢结构建筑施工验收规范》(Q/GDW 11688—2017)(5.4.2)	当高强度螺栓连接副保管时间超过6个月后使用时，应按相关要求重新进行扭矩系数或紧固轴力试验，并应在合格后再使用
	连接副施拧及扭矩扳手标定记录	□是 □否	《变电站装配式钢结构建筑施工验收规范》(Q/GDW 11688—2017)(7.3.16、7.3.18、7.8.3)	高强度螺栓连接节点螺栓群初拧、复拧和终拧，应采用合理的施拧顺序；高强度螺栓连接副的初拧、复拧、终拧宜在24h内完成；高强度螺栓连接副终拧后，螺栓丝扣外露应为2～3扣，其中允许有10%的螺栓丝扣外露1扣或4扣
焊缝	焊缝外观	□是 □否	《钢结构工程施工质量验收标准》(GB 50205—2020)(5.2.6、5.2.11)	焊缝表面不得有裂纹、焊瘤等缺陷。一级、二级焊缝不得有表面气孔、夹渣、弧坑、裂纹、电弧擦伤等缺陷。且一级焊缝不得有咬边、未焊满、根部收缩等缺陷；焊缝感观应达到：外形均匀、成型较好、焊道与焊道、焊道与基本金属间过渡较平滑，焊渣和飞溅物基本清除干净
	检测报告（探伤检测报告）	□是 □否	《钢结构工程施工质量验收标准》(GB 50205—2020)(5.2.4)	设计要求全焊透的一级、二级焊缝应采用超声波探伤进行内部缺陷的检验，超声波探伤不能对缺陷作出判断时，应采用射线探伤，一级焊缝探伤比率100%，二级焊缝探伤比率20%

续表

验收项目	检查内容	符合性	规程规范	验收要求（概要）
主体结构整体垂直度、平面弯曲度	整体垂直度、平面弯曲度检测记录	□是 □否	《钢结构工程施工质量验收标准》（GB 50205—2020）（10.3.4、11.3.5）	单层钢结构主体结构：整体垂直度不大于 $H/1000$mm，且不应大于25.0mm；整体平面弯曲不大于 $L/1500$mm，且不应大于25.0mm。多层钢结构主体结构：整体垂直度不大于（$H/2500+10.0$）mm，且不应大于50.0mm；整体平面弯曲不大于 $L/1500$mm，且不应大于25.0mm
防火涂料	检测报告（防火涂料厚度检测报告）	□是 □否	《变电站装配式钢结构建筑施工验收规范》（Q/GDW 11688—2017）（7.8.19）	薄涂型（薄型、超薄型）应符合有关耐火极限的设计要求；厚涂型80%及以上面积应符合有关耐火极限的设计要求，且最薄处厚度不应低于设计要求的85%
	施工质量	□是 □否	《变电站装配式钢结构建筑施工验收规范》（Q/GDW 11688—2017）（7.6.22、7.6.23、7.6.24）	防火涂料涂装施工应分层施工，应在上道涂层干燥或固化后，再进行下道涂层施工。厚涂型防火涂料有下列情况之一时，应重新喷涂或补涂：涂层干燥固化不良，黏结不牢或粉化、脱落；钢结构接头和转角处的涂层有明显凹陷；涂层厚度小于设计规定厚度的85%；涂层厚度未达到设计规定厚度，且涂层连续长度超过1m。薄涂型防火涂料面层涂装施工应符合下列规定：面层应在底层涂装干燥后开始涂装；面层涂装应颜色均匀、一致，接槎应平整
防腐涂料	施工质量	□是 □否	《变电站装配式钢结构建筑施工验收规范》（Q/GDW 11688—2017）（7.8.18）	漆料、涂装遍数、涂层厚度应符合设计要求；构件表面不应误漆、漏涂，涂层应均匀，无脱皮、返锈且无明显皱皮、流坠、针眼和气泡等；涂层厚度偏差（设计无要求时）要求室外：150μm（≥−25μm），室内：125μm（≥−5μm）
隐蔽验收	隐蔽验收记录（地脚螺栓、钢结构主体）	□是 □否	《输变电工程质量通病防治手册（2019年版）》（1.11.4）	隐蔽工程验收记录应齐全、规范

围护结构施工验收要求见表 8-17。

表 8-17　　围护结构施工验收要求

验收项目	检查内容	符合性	规程规范	验收要求（概要）
压型金属楼面（屋面）板	原材料质量证明文件	□是 □否	《变电站装配式钢结构建筑施工验收规范》（Q/GDW 11688—2017）（7.8.20）	金属压型板及制造金属压型板所采用的原材料，其品种、规格、性能等应符合现行国家产品标准和设计要求；泛水板、包角板和零配件的品种、规格以及防水密封材料的性能应符合现行国家产品标准和设计要求
	原材料外观	□是 □否	《变电站装配式钢结构建筑施工验收规范》（Q/GDW 11688—2017）（7.8.20）	基板质量不应有裂纹，涂、镀层不应有肉眼可见的裂纹、剥落、擦痕及颜色不匀等缺陷；压型金属板表面应干净，不应有明显凹凸和皱褶
	安装质量	□是 □否	《变电站装配式钢结构建筑施工验收规范》（Q/GDW 11688—2017）（7.8.20）	连接件（锚固件）位置、数量、间距应符合要求，安装固定可靠、牢固，接缝严密，搭接顺流水向，防腐涂料涂刷和密封材料敷设应完好；在支承构件上的搭接长度不小于200mm；安装应平整、顺直，板面不应有施工残留物和污物；檐口和墙下端应呈直线，不应有未经处理的错钻孔洞
金属面夹芯板	原材料质量证明文件	□是 □否	《金属面夹芯板应用技术标准》（JGJ/T 453—2019）（9.2.2、9.2.4、9.2.6）	包角板及制造包角板所采用的原材料的品种、规格、性能应符合本标准及设计规定；金属面夹芯板所有配件的材质、规格、性能以及外观质量应符合设计要求及本标准相关规定；密封材料的材质、性能应符合设计要求及本标准的规定，有效期应符合厂商提供的使用期证明文件
	原材料外观	□是 □否	《金属面夹芯板应用技术标准》（JGJ/T 453—2019）（9.2.1、9.2.3、9.2.8、9.2.9）	金属面夹芯板的规格尺寸及允许偏差、表面质量等应符合设计要求和现行国家标准的规定；金属面夹芯板表面涂层、镀层不应有可见的裂纹、起皮、剥落和擦痕等缺陷；金属面夹芯板成品外表面应干净，不应有明显凹凸和褶皱；金属面夹芯板用紧固件表面无损伤、锈蚀

续表

验收项目	检查内容	符合性	规程规范	验收要求（概要）
金属面夹芯板	检测报告（原材料防火性能）	□是 □否		原则上取得“国家防火建筑材料质量监督检验中心”出具的防火性能检测报告
	安装质量	□是 □否	《金属面夹芯板应用技术标准》（JGJ/T 453—2019）（9.3.1、9.3.2、9.3.3、9.3.4、9.3.7、9.3.8）	金属面夹芯板、零配件安装固定应可靠、牢固，防腐涂料涂刷和密封材料敷设应完好，连接件质量、间距应符合设计要求和本标准的规定；金属面夹芯板搭接应严密、完整、牢固，且应无开裂、脱落现象；连接金属面夹芯板、包角板采用的自攻螺钉、拉铆钉、射钉规格尺寸及间距、边距等应符合设计要求和本标准的规定；金属面夹芯板搭接长度应符合设计要求；金属面夹芯板搭接部位、各连接节点部位应密封完整、连续；金属面夹芯板安装应平整、顺直，板面不应有施工残留物、污物和破损。檐口和墙面下端应呈直线，不应有未经处理的错钻孔洞
纤维水泥夹芯复合墙板	原材料质量证明文件	□是 □否	《变电站装配式钢结构建筑施工验收规范》（Q/GDW 11688—2017）（5.1.1）	工程所用的材料应符合设计文件和现行有关标准的规定，应具有质量合格证明文件，并应经进场检验合格后使用
	原材料外观	□是 □否	《纤维水泥夹芯复合墙板应用技术规程》（DBJ/T 13—211—2015）（6.1、6.2）	面层和夹芯层处不允许有裂缝；板的横向、纵向侧向方向不允许有贯通裂缝；板面不允许有外露筋纤、飞边毛刺；板面裂缝、缺棱掉角不大于2处/板；长度允许尺寸偏差±5mm，宽度允许尺寸偏差±2mm，宽度允许尺寸偏差±1mm
	检测报告（原材料防火性能）	□是 □否		原则上取得“国家防火建筑材料质量监督检验中心”出具的防火性能检测报告
隔墙板（轻质条板隔墙）	原材料质量证明文件	□是 □否	《建筑轻质板隔墙施工技术规程》（DB11/T 491—2016）（6.1.1、6.1.2、6.2.4）	条板制品和主要配套材料出厂合格证、性能检验报告、进场验收记录和复验报告；隔墙条板的品种、规格、性能、外观应符合设计要求。对于有隔声、保温、防火、防潮等特殊要求的工程，板材应满足相应的性能等级

续表

验收项目	检查内容	符合性	规程规范	验收要求（概要）
隔墙板（轻质条板隔墙）	原材料外观	□是 □否	《建筑轻质板隔墙施工技术规程》（DB11/T 491—2016）（6.1、6.2）	板面不应有外露筋、露纤、飞边毛刺、板面泛霜反碱、贯通性裂缝；复合条板面层无脱落现象；板面裂缝、缺棱掉角不大于2处/板；蜂窝气孔不大于3处/板；长度允许尺寸偏差±5mm，宽度允许尺寸偏差±2mm，宽度允许尺寸偏差±1mm
	检测报告（原材料防火性能）	□是 □否		原则上取得“国家防火建筑材料质量监督检验中心”出具的防火性能检测报告
	安装质量	□是 □否	《建筑轻质板隔墙施工技术规程》（DB11/T 491—2016）（6.2.5、6.2.6、6.2.7、6.2.8、6.2.9、6.2.10）	条板隔墙的预埋件、连接件的位置、规格、数量和连接方法应符合设计要求；条板之间、条板与建筑主体结构的结合应牢固、稳定，连接方法应符合设计要求；条板隔墙安装所用接缝材料的品种及接缝方法应符合设计要求；条板安装应垂直、平整、位置正确，转角应规整，板材不得有缺边、掉角、开裂等缺陷；条板隔墙表面应平整，接缝应顺直、均匀，不应有裂缝；隔墙上开的孔洞、槽、盒应位置准确、套割方正、边缘整齐
墙体填充材料	原材料质量证明文件	□是 □否	《建筑轻质板隔墙施工技术规程》（DB11/T 491—2016）（3.1.7、3.2.6）	复合夹芯条板隔墙所用配套材料及嵌缝材料的规格、性能应符合设计要求，并应符合国家现行有关标准的规定；芯材燃烧性能应为B1级及以上，并应按国家标准《建筑材料不燃性试验方法》（GB/T 5464—2010）的有关规定进行检测
	填充质量	□是 □否	《建筑轻质板隔墙施工技术规程》（DB11/T 491—2016）（3.2.6）	面层与芯层应粘接密实、连接牢固，无脱层、翘曲、折裂及缺损，不得出现空鼓和剥落
龙骨、檩条	原材料质量证明文件	□是 □否	《变电站装配式钢结构建筑施工验收规范》（Q/GDW 11688—2017）（5.1.1）	钢结构工程所用的材料应符合设计文件和现行有关标准的规定，应具有质量合格证明文件，并应经进场检验合格后使用

续表

验收项目	检查内容	符合性	规程规范	验收要求（概要）
龙骨、檩条	原材料外观	□是 □否	《建筑用轻钢龙骨》（GB/T 11981—2008）（5.1）	龙骨外形要平整、棱角清晰，切口不应有毛刺和变形。镀锌层应无起皮、起瘤、脱落等缺陷，无影响使用的腐蚀、损伤、麻点，每米长度内面积不大于 $1cm^2$ 的黑斑不多于3处。涂层应无气泡、划伤、漏涂、颜色不均等影响使用的缺陷
	安装质量	□是 □否	《钢结构工程施工质量验收标准》（GB 50205—2020）（10.3.9、11.3.12）	墙架立柱中心线对定位轴线的偏移允许偏差 10mm；垂直度不大于 H/1000mm，且不应大于 10mm；檩条、墙梁的间距允许偏差±5mm
门窗	原材料质量证明文件	□是 □否	《变电站装配式钢结构建筑施工验收规范》（Q/GDW 11688—2017）（5.6.3） 《建筑装饰装修工程质量验收标准》（GB 50210—2018）（6.1.3）	进入现场的防火门、金属窗等门窗应进行检验，并检查下列文件和记录：材料的进场合格证书、性能检测报告；特种门及其附件的生产许可文件。门窗工程应对下列材料及其性能指标进行复验：人造木板门的甲醛释放量；建筑外窗的气密性能、水密性能和抗风压性能
	原材料外观	□是 □否	《变电站装配式钢结构建筑施工验收规范》（Q/GDW 11688—2017）（8.5.11、8.5.12、8.5.14、8.5.15）	铝合金门窗表面应洁净、平整、光滑、色泽一致，无锈蚀。大面应无划痕、碰伤。漆膜或保护层应连续；金属卷帘门、防火门应洁净，无划痕、碰伤等现象；门窗玻璃表面应洁净，不得有腻子、密封胶、涂料等污渍。中空玻璃内外表面均应洁净，玻璃中空层内不得有灰尘和水蒸气
	安装质量（门窗）	□是 □否	《变电站装配式钢结构建筑施工验收规范》（Q/GDW 11688—2017）（8.3.1、8.3.2、8.3.3、8.3.6）	建筑外门窗的安装必须牢固；门窗的品种、类型、规格、尺寸、性能、开启方向、安装位置、连接方式、防腐及填嵌密封处理应符合设计要求。金属门窗的安装应符合下列规定：金属门窗框与钢结构按设计要求可靠固定；金属门窗扇应安装牢固，并应开关灵活，关闭严密，无倒翘，橡胶密封条或毛毡密封条应安装完好，不得脱槽；门窗洞口包角板制作尺寸符合设计要求，固定可靠、牢固，防腐和密封材料敷设应完好，连接件数量、间距应符合设计要求和国家现行有关标准规定；防火门、防火窗的品种、类型、规格、尺寸、性能、开启方向、安装位置、连接方式，防腐及填嵌密封处理应符合设计要求

续表

验收项目	检查内容	符合性	规程规范	验收要求（概要）
门窗	安装质量（玻璃）	□是 □否	《变电站装配式钢结构建筑施工验收规范》（Q/GDW 11688—2017）（8.3.8）	门窗玻璃的安装应符合下列规定：玻璃的安装方法应符合设计要求；带密封条的玻璃压条，其密封条应与玻璃全部贴紧，压条与压型材之间应无明显缝隙，压条接缝应不大于0.5mm；门窗玻璃不应直接接触型材；门窗玻璃应采用安全玻璃
密封胶	原材料质量证明文件	□是 □否	《建筑装饰装修工程质量验收标准》（GB 50210—2018）（3.2.4）	建筑装饰装修工程采用的材料、构配件应按进场批次进行检验。属于同一工程项目且同期施工的多个单位工程，对同一厂家生产的同批材料、构配件、器具及半成品，可按检验批次对品种、规格、外观和尺寸等进行统一验收，包装应完好，并应有产品合格证书、中文说明书及性能检验报告，进口产品应按规定进行商品检验
	打胶质量	□是 □否	《变电站装配式钢结构建筑施工验收规范》（Q/GDW 11688—2017）（8.5.11、8.5.15）	密封胶表面应光滑、顺直，无裂纹；密封胶与玻璃、玻璃槽口的边缘应黏结牢固、接缝平齐
隐蔽验收	隐蔽验收记录（龙骨、墙檩条、填充材料、墙板、防火涂料、门窗）	□是 □否	《输变电工程质量通病防治手册（2019年版）》（1.11.4）	隐蔽工程验收记录应齐全、规范
沉降观测记录	沉降量、沉降观测曲线	□是 □否	《建筑变形测量规范》（JGJ 8—2016）（7.1.1） 《国家电网有限公司输变电工程达标投产考核及优质工程评选管理办法》（国网（基建/3）182—2019）（输变电优质工程标准评分表）	沉降观测应测定建筑的沉降量、沉降差及沉降速率，并应根据需要计算基础倾斜、局部倾斜、相对弯曲机构件倾斜；设计或规范要求进行沉降观测的建（构）筑物沉降点设置符合设计和规范要求，观测记录齐全、规范，观测报告结论明确

钢结构竣工验收要求见表8-18。

表8-18　　钢结构竣工验收要求

验收项目	检查内容	符合性	规程规范	验收要求（概要）
竣工报告	竣工报告	□是 □否	《国家电网有限公司输变电工程验收管理办法》[国网（基建/3）188—2019]（第三十二条）	输变电工程所属全部单位工程完工后，施工单位应组织有关人员进行施工质量自检。总监理工程师应组织各专业监理工程师对工程质量进行监理验收，并出具工程质量评估报告。存在施工质量问题时，施工单位负责整改，监理复查确认。质量问题整改完毕后，施工单位向建设管理单位提交工程竣工报告，申请工程竣工预验收

续表

验收项目	检查内容	符合性	规程规范	验收要求（概要）
竣工图	竣工图（附联系单）	□是 □否	《国家电网公司电网建设项目档案管理办法（试行）》（国家电网办〔2022〕72号）	按施工图施工没有变更的，在未使用过的施工图上逐张加盖监理单位和施工单位相关责任人审核签字的竣工图章，直接将施工图转化为竣工图。不得使用复印的白图编制竣工图；凡一般性图纸变更且能在原施工图上修改补充的，可直接在未使用过的原施工图上修改，并加盖监理单位和施工单位相关责任人审核签字的竣工图章，将修改后的施工图转化为竣工图；有下述情形之一的均应重新绘制竣工图：涉及结构型式、工艺、平面布置、项目等重大改变；图面变更面积超过20%；合同约定对所有变更均需重绘或变更超过合同约定比例；竣工图章或竣工图审核章应使用红色印泥，盖在图纸图标附近空白处，章中的内容应填写齐全、清楚，并由相关责任人签字，不得代签；经项目建设单位同意，可盖执业资格印章代替签字
资料组卷	资料组卷	□是 □否	《国家电网公司电网建设项目档案管理办法（试行）》（国家电网办〔2022〕72号）	文件应格式规范、内容准确、清晰整洁、编号规范、签字及盖章手续完备并满足耐久性要求。归档文件应为原件，因故用复制件归档时，应加盖复制件原件存放部门印章或档案证明章，确保复制件内容与原件一致并具有同等效力；项目文件在办理完毕后应及时收集齐全，并进行预立卷，经整理后按要求归档。归档范围按项目电压等级对应执行《电网建设项目文件归档范围、保管期限表》（附表1-7）
数码照片	数码照片	□是 □否	《国家电网公司关于印发基建质量日常管控体系精简优化实施方案的通知》（国家电网基建〔2018〕294号）（表3-2、表3-8）	变电工程监理项目部质量管理数码照片采集及整理要求；变电工程施工项目部质量管理数码照片采集及整理要求

续表

验收项目	检查内容	符合性	规程规范	验收要求（概要）
沉降观测记录	沉降观测报告	□是 □否	《建筑变形测量规范》（JGJ 8—2016）（7.1.1、7.1.5） 《国家电网有限公司输变电工程达标投产考核及优质工程评选管理办法》［国网（基建/3）182—2019］（输变电优质工程标准评分表）	沉降观测应测定建筑的沉降量、沉降差及沉降速率，并应根据需要计算基础倾斜、局部倾斜、相对弯曲机构件倾斜；建筑运营阶段的观测次数，应视地基土类型和沉降速率大小确定，除有特殊要求外，可在第一年观测3～4次，第二年观测2～3次，第三年后每年观测1次，至沉降达到稳定状态或满足观测要求为止；建筑沉降达到稳定状态可由沉降量与时间关系曲线判定，当最后100d的最大沉降速率小于0.01～0.04mm/d时，可认为已达到稳定状态；设计或规范要求进行沉降观测的建（构）筑物沉降点设置符合设计和规范要求，观测记录齐全、规范，观测报告结论明确

8.4 小型预制构件施工

在建筑工程领域，小型预制构件的使用已经逐渐被广泛认可并应用于各个领域。它们是在工厂内预先制作的，并在施工现场进行组装。在装配式变电站的建设中，小型预制构件施工尤其受到重视。

小型预制构件的制造过程经过了多轮设计、精细制作、严格检测等环节，保证了其结构的准确性和质量的可靠性。在施工现场，安装小型预制构件非常快速和高效。因为这些构件的精准度高，所以在组合的时候，只需要进行简单的连接即可完成。这种施工方式不仅可以节约时间和成本，还可以减少现场人员的工作量和危险程度。

小型预制构件施工的好处不仅仅在于它的快速和简便，还在于其对施工环境的要求较低。由于构件在工厂内制作，所以不会受到施工现场的环境干扰，即使在恶劣环境下，也不会影响构件质量，保障了建筑品质。此外，小型预制构件的生产过程还非常环保，可以减少大量的建筑工地噪声、尘土、废气等环境污染。

当然，小型预制构件施工也存在一定的局限性：在设计时，需要充分考虑预制构件的尺寸和重量，以便于运输和安装；同时，小型预制构件并不适用于所有的建筑项目，它们只适用于特定的建筑类型和特定的场景情况。

总体而言，小型预制构件施工是高效、环保、经济的一种建筑施工方式。在装配式变电站中的应用，体现了对环境的关注和对建筑工程效率、品质的提升的追求。未来，随着科技不断发展，小型预制构件将会在更多的建筑项目中被广泛使用，为人们创造更加美好的建筑环境。

第9章 智能变电站管控

在城市化进程不断加速的大背景下，建筑工程的建设规模持续扩大、数量不断增加，各种施工技术、施工工艺大量涌现，为建筑行业的快速发展提供了重要支撑。智慧工地属于一种全新概念，具有智慧化、智能化以及人性化等优势，其应用于电力工程中可以为各项施工提供决策，对工地现场开展动态管理，避免发生各种突发事故，对促进智能电网的完善及发展具有重要价值。

电力工程“智慧工地”管理系统的建设不应简单地将各个子系统叠加，而是要满足各个子系统的功能。施工现场属于环境复杂、人员复杂的区域。考虑到工程监理、工程进度、设备和人员的安全，一个有效的智能现场管控平台对管理者来说是非常必要的。建立一个互联、协作、智能生产、科学管理的建设项目信息生态系统，在现实环境中对该数据所收集的工程信息进行挖掘和分析，加强智能施工控制平台的建设，不应仅仅是子系统的堆积，而应在各子系统功能满意的基础上，寻求内部子系统与其他外部系统的完美结合。通过构建智能施工控制平台实现多个子系统的统一管理和控制，包括实现统一数据库、统一管理界面、统一授权、统一授权卡、统一业务流程管理等。与此同时，考虑子系统资源，如基本信息，满足特定施工单位的运行管理业务需求，支持业务流程优化。该平台还应包括诸如现场数字广播、现场会议系统等。平台介质也通过标准接口（如 OPC 等）连接，或通过 SDK 访问第三方设备。基于智能现场控制平台的整体解决方案支持灵活的系统部署，具体取决于实际项目设备的访问规模、包含的子系统类型以及模块的功能要求，能够按需配置各种模块化服务，并根据需要部署服务器。

以苏溪 220kV 变电站开展智慧工地实施应用为例，工程涵盖人员管理、安全管理、质量管理、进度管理以及智能辅助等基础功能建设，以满足核心业务需求，包括现场智能监控服务、现场人员智能管理服务、现场环境监测服务等。

但在流程创新、技术创新、模式创新等方面还未开展一系列特色实践，经过对标杆量化指标分析结合输变电工程建设业务场景，以“安全专业”为抓手，以“数字牵引”为方向，以“信用评价”为切入点，开展数字化工地安全管理提升。安全管理专业优化完善业务需求重点在基于 5G 机器人安规培训及信用体系建设，构建电力工人信用评价体系，通过对电力工人进行信用等级评级，促进工人自律、提高电力行业信用水平和个人信用风险防范能力，提升信用赋能以及数字化管控水平。一体化智能化企业级数据平台（EDP）如图 9-1 所示。

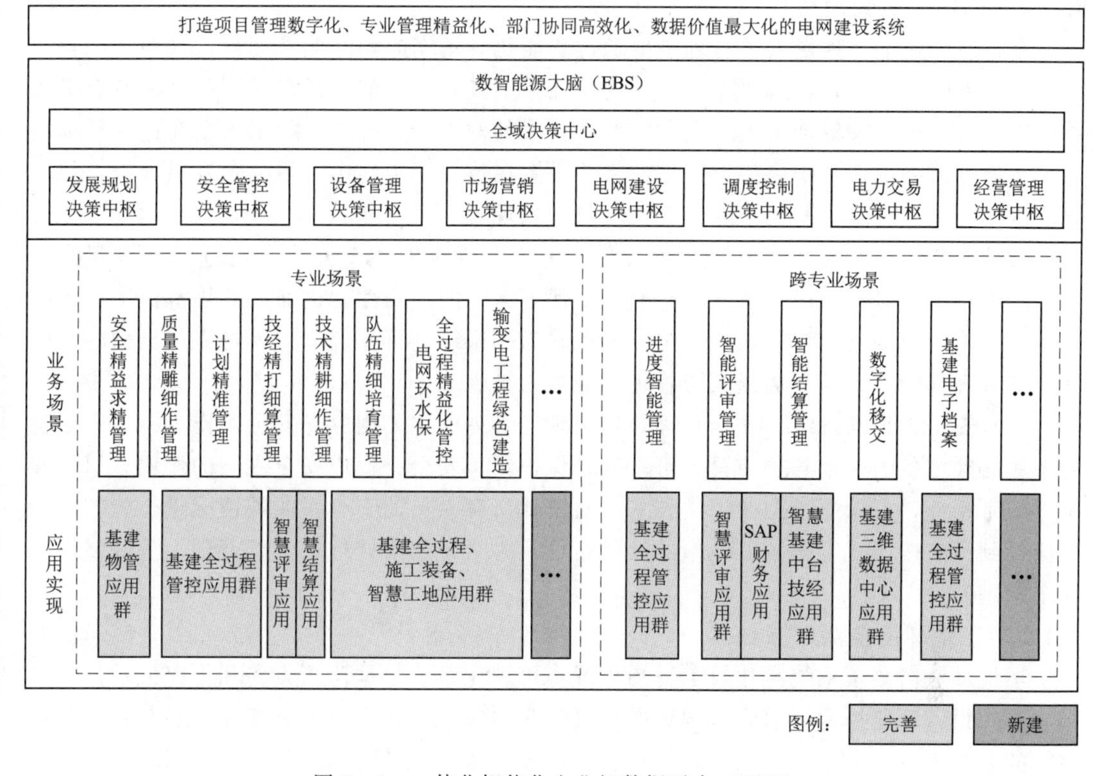

图 9-1　一体化智能化企业级数据平台（EDP）

9.1　智能监控模块

电力工程具有作业量大、工地占地面积大以及现场分布广等特点，以往以人工为主的监控方式难以对整个工地开展动态进行有效监督，如果发生质量问题或者安全事故，会给工程建设质量和施工安全带来负面影响。在智慧工地下，通过智能监控设备可以对整个工地实现动态监督，保证企业财产、建筑材料的安全，规范施工人员的行为，保证施工活动的有序以及顺利开展。首先，在设置智能视频监控之前，技术人员要开展实地调查，掌握整个工地的具体情况，对监控设备的安装位置进行初步判定；其次，在现场安装视频监控和网络系统中，要保证对现场环境的全面覆盖，对于重点施工区域，例如频发安全事故的区城、存在安全隐患的区域、质量控制重点区域等，要开展重点监督；最后，智能视频监控设备要处于正常运行状态下，管理人员通过监控可以对施工现场的具体情况进行协同调配和统一管理，注重发挥监控设备在掌握项目进度和施工动态方面的作用。

9.1.1　人脸识别实名制管理模块

本模块可拍摄实时照片，以便对进出执行网站的人进行面部识别，并将实时照片与数据库中的照片进行比较。如果与数据库不符，及时发出警报，加强对进出执行地点人员的综合管理，实时了解执行人员的工作状况，并促进有效规划。与此同时，还可以实施工人出勤，有效提高出勤制度的准确性，实现工作规范和有效利用。

9.1.2 现场人员管理模块

在智慧工地下，现场人员管理主要通过智能化设备完成，降低管理行常秩序。

（1）人脸识别系统，其属于一种生物特征识别方式，目前已经在我国各个领域获得大量应用，施工单位采集现场施工人员的照片，将其输入到系统中，施工人员在进入现场之前需要通过人脸识别系统，如果识别的人脸没有在数据库中显示，系统会发出警告，便于规范进场人员的资质，避免与施工无关人员进入现场。

（2）智能考核系统，其属于一种现代企业人资管理的主要方式，通过电子签到的方式，能够对员工每天的出勤情况进行监督，保证考勤的准确性，进而起到规范员工行为的作用，在施工现场引入考核系统，可以将人脸识别系统进行整合，每天将人员出勤的数据反馈到管理部门，有助于加强人资管理和现场人员管理。

（3）安全帽识别系统，安全管理是施工现场管理的主要内容，安全帽作为施工人员进场现场必须配备的安全防护装置，可以起到保护员工安全、促进安全生产的作用。引入安全帽识别系统，可以通过图像识别技术，对工地所有人员的安全帽佩戴情况进行检查，如果抓拍到没有按照规定佩戴安全帽的人员，可及时给予严肃处理，便于管理人员开展现场安全管理。

9.1.3 工地环境监测子系统

场地环境监测子系统是建筑工程粉尘噪声可视化系统数据监测设备和报警显示的平台端。监控设备可监控和显示施工现场的天气和灰尘参数，并支持各制造商设备与系统平台之间的数据对接。可显示建筑项目灰尘监测设备收集的灰尘数据，如 PM2.5、PM10、PIS、噪声数据、风速、风向、温度、湿度和大气压力，上述数据可计入不同的数据，并对施工现场视频图形进行远程展示，从而实现对工程施工现场扬尘污染等监控、监测的远程化、可视化。塔机安全管理监控系统使用安装在塔起重机上的重量、角度、振幅、风向、风速和高度监测仪器监测塔的运行状况，防止塔过载、管理技术作战人员、塔群塔运行过程中的碰撞保护等。塔机挂钩视频子系统通过精密传感器实时收集挂钩高度和手推车振幅数据，并计算挂钩和相机的角度和距离参数。

9.1.4 系统电子围栏防护模块

系统电子围栏保护可及时检测施工现场预留洞口、电梯井、通道洞口、楼梯间和临时边缘损坏防护栏（如果存在物理屏障）中是否存在人员，并进行阻挡和报警，有效避免人员跌落等安全事故的发生，起到安全防护的作用。

9.2 智慧工地的应用

在变电站项目中，智慧工地可以应用于以下方面：

（1）安全管理。智慧工地可以通过安装摄像头、传感器等设备对工地进行实时监控，及时发现安全隐患并报警，保障施工人员的安全。

（2）施工质量管理。智慧工地可以通过无人机、激光扫描等技术对施工现场进行三维模型重建、数据采集和分析，提高施工质量和效率。

（3）物资管理。智慧工地可以通过 RFID、物联网技术等手段对材料的入库、出库、运输等过程进行实时监控和管理，提高物资管理的精度和效率。

（4）环境监测。智慧工地可以通过传感器等设备对施工现场的噪声、颗粒物、温度、湿度等环境因素进行实时监测，及时发现环境问题并采取措施进行调整。

（5）进度管理。智慧工地可以通过工地管理软件、移动终端等设备对施工进度进行实时监控和管理，及时发现进度问题并采取措施进行调整。

以苏溪输变电工程智慧工地建设为例，工程在黄村改互联网智慧工地实施的基础上，提前开展策划，总结应用经验，全面改善提升，通过智慧工地的实施应用，将 BIM、物联网、移动应用、人工智能等先进技术的引入苏溪输变电工程现场项目管理。

根据苏溪输变电工程现场施工环境特点因地制宜，苏溪输变电工程智慧工地建设方案制定了以下工作措施：

（1）智能进出管理系统建设，通过对变电现场闸机通道进行改造（图 9－2），增加人员进出显示大屏，通过闸机进行人员信息识别，实时同步展现播报人员进出场信息等信息，并在显示屏实时显示，对人员信息异常或异常进出进行告警。

图 9－2　变电现场闸机通道

（2）现场内置卫星定位、气压计、血压、心跳、血氧等生命体征监测芯片的智能手表，利用 5G 网络，实现人员位置、高度、生命体征等信息的实时回传，结合现场智慧工地系统（图 9－3）中的人员风险作业监控、生命体征监测等应用模块，对人员健康状况等进行实时监控及历史过程记录，同时确保现场救援高效及时，保障现场作业人员生命安全。

图 9－3　智慧工地系统

（3）工地现场升降机中的防超载、上下限位内外门监测、防坠落监测、楼层呼叫、防冲顶预警等模块通过5G网络与智慧工地系统联通，对升降机工作运行状态进行全时段监管。开展深基坑作业状态监测管理，通过与气体检测仪、鼓风机、继电器等设备的集成，实时监测深基坑下挖时的气体数值，保障施工人员的安全作业。开展深基坑支护监测管理，通过集成传感设备监测模块对深基坑支护实施全过程中的变形参数监测，通过无线网络将采集数据进行整理分析并生成报表，为施工过程提供可靠的数据支持。

（4）利用5G网络实现现场视频设备的极低时延云台控制，高清视频流、智能视频分析结果数据实时回传智慧工地视频平台，实现360度无死角全景远程监控，通过与人脸识别柱采集人脸信息比对，自动实现违规闯入人员抓拍及告警。实现基于图片识别的安全围栏监测、基于图片识别的施工违规监测、基于图片识别的着装不规范监测。

（5）现场小型气象站通过5G网络与智慧工地系统联通，并将全天候采集的环境气象数据（包括温湿度、风速、烟雾、噪声、PM2.5、PM10）实时传输回智慧工地系统，系统根据设置的参数阈值，联动开启雾炮、喷淋、音响等设备，预警作业人员及时避开恶劣作业天气，杜绝强行开工情况发生。智慧工地视频平台如图9-4所示。

图9-4　智慧工地视频平台

（6）现场智能仓储通过5G网络与智慧工地系统联通，实时回传仓储门禁基础数据和应用数据、仓储库存信息、设备领用归还信息、设备保养报废信息等，为现场备品备件、设备零件消耗情况、人员领用归还情况大数据分析决策提供数据支撑。

（7）利用一套应用在电网建设施工现场、具备数据采集、分析、反馈、处理等功能的智能一体化系统，通过AI语音交互，远程协作，实现远程巡检、隐检、预检并留存佐证记录。远程连线专家，实时进行语音、文字、视频交互，同步指导，及时解决安全管理难题。依托人工智能和模型算法，作为AI能语音机器人与现场安全管控相结合的系统设备，在一定程度上实现了“以机代人”的安全管理，既节约了人力成本，又提高了管控效率。

9.3 基建系统的应用

变电站在基建系统的应用有：

（1）电力系统。电力系统是变电站的核心，包括主变压器、高低压开关柜、电缆系统等。基建系统需要对电力系统的设计、施工、调试进行全方位的管理和监控，确保电力系统的安全稳定运行。

（2）通信系统。通信系统是变电站内部和外部进行信息传递和交流的重要手段，包括电话、网络、广播等。基建系统需要对通信系统的设计、施工、维护进行管理，确保通信系统的畅通无阻。

（3）环保系统。环保系统是变电站建设中不可忽视的方面，包括废水处理、废气治理等。基建系统需要对环保系统的设计、施工、运行进行管理，确保变电站的环保标准符合国家规定。

（4）消防系统。消防系统是变电站安全管理的重要环节，包括火灾自动报警系统、消防水系统等。基建系统需要对消防系统的设计、施工、维护进行管理，确保消防系统的安全有效运行。

（5）安全系统。安全系统是变电站建设中必不可少的方面，包括监控系统、门禁系统等。基建系统需要对安全系统的设计、施工、维护进行管理，确保安全系统的稳定运行。

9.4 三维施工技术的应用

9.4.1 三维立体设计

在变电站设计的过程中，二维设计的过程中有可能会出现交叉设计和施工的现象，同时在设计方案的审核方面也需要非常久的时间，如果在设计的过程中应用三维设计技术，这些问题就可以迎刃而解。

1. 三维软件设计特征分析

三维软件具有可视性强、可操作性强的特点，在设计中应用三维软件能够有效地提升设计的质量和效率。在具体的设计应用中，三维软件设计具有以下特点：

（1）实现了空间距离的直接测量，在三维变电站模型空间中，不需要来回切换平面图和断面图就可以验证图中点的带电安全距离，无论是否在同一平面内的带电距离都可直接测量得到，节约了传统设计方法的人工计算步骤，避免人为差错。

（2）避免了可能存在的设计误差，二维设计模式下常常难以察觉的电气设备与梁、柱、墙、楼板、门窗、水工暖通管道之间的硬性碰撞问题，此类问题在三维模式下迎刃而解。通过对三维模型进行合理剖切，可自动生成站内任意角度的二维视图，真实展现设备与导线、建筑之间的相对关系。

（3）提高了设计方案实用性，通过使用标准设备型号库等方式，明确设备的信息和属性，每一条信息的新增或修改，模型更新后，平面图纸也随之更新，这样既有利于设备移交后的台账管理，也便于将工程信息共享给设计、施工、建设管理、运维、检修等各方面技术人员。在传统设计模式下，变电站建筑物、设备只能体现在平面图纸上，但是在三维设计技术下，建筑物和设备等能够在计算机提供的三维空间中建造起来。它将变电站涉及的各个专业结合到一起。在相同的功能模块中，各个专业设计人员可以对其负责的部分进行模拟。在协同设计工作下，各个专业工作人员在进行设计的同时也能够看见其他专业设计人员的设计成果，在相互沟通下修改、完善设计方案。

2. 变电站三维设计应用前景

（1）软件平台选用与整合。从国内已发表文献看，变电站应用三维设计主要是3Dmax、PDMS和Substation这三个平台，其中3Dmax主要用于后期渲染，PDMS从发电厂设计移植过来，都不是变电站专业设计平台，相比较而言Substation更适合变电站设计。

（2）三维设计软件本地化。市场上的主流三维设计几乎都来自国外，在设计标准、产品模型等方面与国内情况还有一定差距，所以国外软件的本地化是必须解决的问题。

（3）模型标准化与接口统一。变电站三维设计的主要问题是产品模型的建立，需要花费大量时间，而且不同的软件平台之间存在对接问题，只有这些问题获得圆满解决，才利于三维设计的推广应用。

3. 某±660kV换流站工程三维设计的应用

（1）工程概况。某高压直流输电工程是±660kV直流工程，双极输送4000MW，是国网公司当前的重点建设项目，某设计公司承担了此工程的受端换流站的部分三维设计工作，进行了以下主要工作。

（2）平台比选。在发电应用较广的PDMS平台，主要针对发电厂的管道设计，对变电工程中数量庞大的导线的创建，没有专门的工具，仅能采用弯曲的钢管来代替，弧垂等不能满足工程实际的拟合曲线。Bentley公司的Substation三维设计平台在变电站三维设计方面具有突出的优点，有专用的软件进行具有弧度的导线设计，可拟合实际的弧度曲线，并且有专门的软件对带电距离进行设计校验，有专门的防雷接地、电缆敷设等专业软件，更加适合变电站设计。最终确定Bentley为此工程的三维设计及移交软件平台。

（3）三维建模。平台确定后，各专业首先进行三维建模工作，为实现专业间模型标准统一，制订了以下规定：

1）各专业模型应采用统一的模型单位，推荐采用毫米（mm）作为长度单位，度（°）作为角度单位。

2）各专业子模型都应采用统一的坐标系，Z轴正向朝上。

3）各专业设备、材料模型在生成时应赋予合乎模型总体设计所规定的层次和颜色。

4）建模宜使用基本体（如立方体、圆柱体等），尽量减少使用复杂形体（如旋转体、拉伸体），并避免在建模过程中使用“开孔”或“切割”的操作。单个设备建模时应尽量减少三维实体的数量。

（4）模型组装。

1）三维模型可分为整体组装模型、区域组装模型（包含所有专业）、区域专业组装模型（单一专业）、设备模型。三维模型宜按“专业组装—区域组装—总装”的顺序依次组装。

2）总装模型是将各区域组装模型按照各区域统一坐标原点的位置进行布置，并连接各区域间接口。

（5）碰撞检查。三维模型总装完成后，需要进行硬碰撞及软碰撞检查。

1）硬碰撞：需要检查电气设备是否与其他专业三维模型发生位置冲突。包括电气设备与土建结构的碰撞、电缆沟与设备基础、水工等管道的碰撞等。

2）软碰撞：即带电距离校验，宜采用直接三维空间测量和软碰撞相结合的办法，分区域进行三维空间带电距离校验。

（6）创建及利用数据库信息。

1）将三维电气模型赋予一定属性，主要包括设备详细参数、生产厂家、安装位置编码和设备物料编码等。

2）结合工程完善补充了门窗库、中国材料的型钢和混凝土截面库。

3）初步制订了有关电气设备及土建工程量的统计功能，设备材料可由三维模型自动统计，当三维模型发生变化时，设备材料表可同步更新。

（7）实现了二维、三维的贯通。

1）通过 Part Database 数据库建立二维符号和三维模型的关联，实现二维智能主接线与三维模型之间的数据贯通。

2）实现由三维剖切二维平、断面图。

（8）三维数字化移交。整理工程全设计过程的审查批复文件、设计文件、二维图纸、设备技术规范书、施工中形成的文件等以 PDF 格式，三维文件以 i－model 格式实现三维数字化移交，业主通过 Project Navigator 软件平台实现对数字化变电工程模型和数据的访问。用户通过数字化工程模型的访问，实现对工程技术数据、相关设计文件和设计资料的浏览、查询，并可通过链接直接打开设计文件和设计资料。

（9）主要设计成果。场地数字化采用 GEOPEK 进行站内场地和道路设计，最后将所有设计面进行整合，自动统计土方量；道路及围墙数字化设计；二维符号库与三维模型库；主要土建模型；三维抽取二维图纸；自动生成材料清册；碰撞检查；实现三维漫游。进行漫游路径的创建，通过设定摄像高度、视角、灯光、路径，模拟摄像机在空中和电站内部移动时所拍摄到的空间景象，使观看漫游的人身临其境地了解到变电站建成后的外观效果。漫游路径设定好后，可以再直接观看漫游效果，并实时修改；也可以将漫游效果保存成 avi 格式的短片，使用通用的播放器播放。

三维设计具有立体的展现手段，强大的数据库功能，具备二维、三维之间的数据贯通，可有效地按需求提出设备材料清册，自动进行工程量统计，并进行碰撞检查，是今后变电站设计方式的发展趋势。

9.4.2 智能辅助控制系统

目前变电站辅助控制系统已经实现了状态监测系统、动力监控系统、环境监控系统、门禁管理系统、电子围栏管理系统、智能工器具柜管理系统、站内设备智能巡检系统等子系统的相互配合、集中管理等。

总结目前变电站辅助控制系统功能，可以将系统分为以下四个业务功能：

（1）环境监控系统。通过传感器网络对站内安防及室内情况进行全面监控，实现站内环境的智能化监控。

（2）动力监测系统。以智能变电站建筑节能管理为目标，通过对动力系统运行情况的在线监测，从而保障对智能一、二次设备运行能源的有效监测和可靠供应。

（3）运行辅助子系统。通过遍历变电站内传感网采集的数据，实现对变电站一、二次设备智能巡检和对安全工器具的智能管理，为生产运行管理提供辅助技术支撑。

（4）检修辅助子系统。通过实施对变电站一次设备状态的智能监测，实时检测一、二次设备、实时数据及运行参数，为状态检修提供检修辅助。

传感网技术在已存在的变电站辅助控制系统中已经有很大一部分技术与之相适应，如目前大多数变电站辅助控制系统中的门禁监控、电子围栏监控、消防监控、有害气体监测、站内微气象监测、水浸监测、设备温度状态监测、避雷器监测、柜盘温湿度监测、电容器壳体变形监测等，都属于应用传感器网络采集相关数据，形成一个统一的全站辅助控制监控平台。综合辅助控制系统功能的系统整体业务功能架构如图 9－5 所示。

变电站辅助控制系统中已经融合了传感网技术，利用传感网技术对外界的感知构建传感测控网络，将物联网作为“智能信息感知末梢”，使用传感网技术可以实现对各个环节运行参数的在线监测和实时信息掌控。

9.4.3 三维技术的变电站应用需求分析

目前变电站辅助控制系统实现了系统功能的集中管理，但也应满足《智能变电站技术导则》（GB/T 30155—2013）中智能变电站设备状态可视化的技术特征要求，因此应选择建立站内全景数据的统一信息平台。选择以三维模型方式进行展示，供各子系统统一数据标准化规范化存取访问以及和调度等其他系统进行标准化交互。

9.4.4 三维技术及三维模型优势

三维技术能有效地模拟真实的事物，使其成为一个有用的工具。由于它的真实性、准确性及可无限操作的优势，三维技术被广泛地应用在军事、影视、医疗、建筑、交通、电力等各个与人们生活息息相关的领域。与平面设计相比，三维技术多了时间和空间的概念，在智能变电站传感网中以三维的方式展示所得数据是一种与时俱进的新的方法。

随着虚拟现实技术的发展，众多领域对基于三维建模的三维可视化技术的需求越来越大，获取实际环境的三维数据，并根据应用的需要，利用获取的三维数据建立相应的虚拟环境模型。

三维图形与二维图形有显著区别：三维图形能从不同方向以立体图形展现方式展现出所要表达的意思；二维图形则缺乏空间立体感，不能直观地表明所要表达的意思。三维模型因具有立体效果，而且在查看过程中可以从任意角度查看，从而获得不同的信息，因此三维模型有着比二维模型更直观与丰富的表达效果。对于一般人来说，三维图形比二维图形更容易理解，在与不了解平面图、剖面图和侧视图等专业技术知识的人交流设计思想时，使用三维图形将会有意想不到的收获，可在交流中获取意见或发现所存在的缺陷和不足。另外，从三维模型中可以抽象出二维图形，但二维图形转变为三维图形则需要很多的时间。

在工程设计中，三维模型无疑是体现设计思路与设计效果的最佳方式之一。因为三维模型更能直观地展示工程的体型大小、空间安排与环境布局等各方面要素，给人以较为真

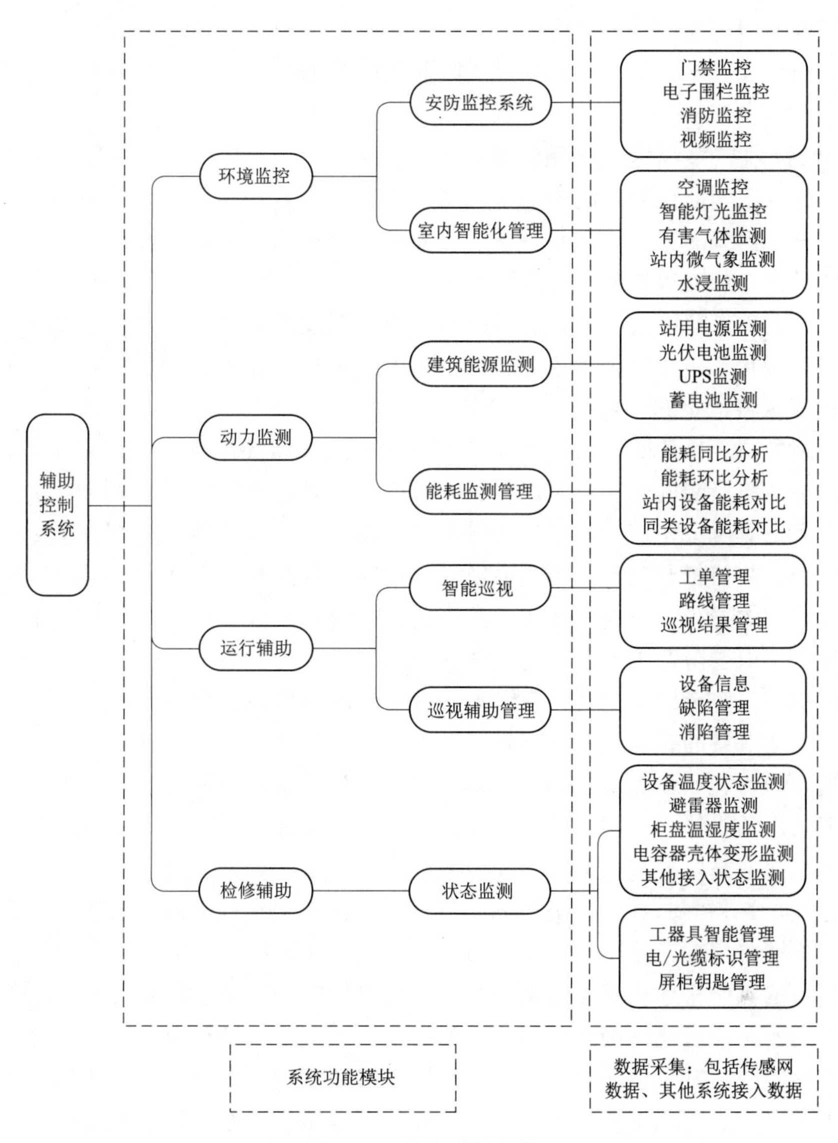

图 9－5　业务功能架构

实的模拟效果，同时也可以及时发现存在的缺点，以进一步润饰与变更。无论是否受过相关专业的训练，都可以通过三维模型大致了解到工程的最终效果，得到一个相对真实的印象。

虚拟现实技术是由计算机生成符合人类的视觉特性的三维模型，由此构造一个虚拟的或现实世界，使一些复杂的信息能更简单直观地表达。将虚拟现实技术应用在工程当中，会有一些惊人的收获，如将虚拟现实应用在变电站中，可以进行变电站内数据的实时监控，大大降低事故的发生率，同时在培训工作人员时，使用虚拟现实技术，使人有身临其境的感觉，更容易实现培训与实际操作的转换。

变电站的三维模型可以让工作人员从任意角度查看变电站，可以俯瞰变电站全貌，可以接近设备查看设备详情，对关键设备还可以查看其铭牌，了解其属性参数。三维平台可针对诸多三维模型建立信息关联索引，关键设备三维模型还将同步显示多项监测数据，包括关键仪表的计数、异常的监测数据等。因此三维模型在变电站中的应用给工作人员带来了很大的方便。

9.4.5 三维技术在系统中的应用需求

在智能变电站辅助控制系统中加入三维技术，主要是为保障系统中采集数据的实时、全面显示。三维模型的应用，在状态展示方面可以使缺乏空间立体感的二维变电站场景图立体化，使工作人员直观地明白三维图形表达的意思；三维模型可以无死角地查看变电站的运行状态，因此在变电站辅助控制系统中选用三维模型显示变电站运行的相关数据，展示变电站的运行状态是十分必要的。智能变电站辅助控制系统选用三维场景与模型展示变电站运行状态应满足如下需求：

（1）对站内部分设备的运行状态、站内的动力系统和环境系统的运行状态进行监测，解决部分设备难以监测的问题，实现数据的可视化并对监测数据进行一定的分析处理，最终在三维模型中显示报警信息，以便实时监测站内设备运行状态，报警信息发出后，可在三维模型中查看具体报警位置及周边环境，对报警信息判断提供有力的现场分析支持。

（2）对站内的安防设备进行接入监控，包括站内视频监控系统、门禁系统、电子围栏系统等，提高站内安防系统的智能化程度，加强各部分的联动，进行三维模型监测，并可连接至视频监控系统辅助实现对站内设备和现场状况的监视、记录。

（3）实现变电站的智能工器具柜管理功能，提高站内工器具设备的管理程度，加强对设备安检周期的管理和设备取出存入的记录控制，可在系统中进行三维直观展示，使用户可远程了解站内的工器具存放情况，避免站内工作人员取用不安全的设备。

（4）实现变电站内的智能巡检功能，系统在接到命令后自动遍历数据，在三维模型中进行虚拟巡检，并将实时数据采集形成巡检列表，得到各设备运行状态结果，从而提高巡检效率，完善巡检任务的管理、记录，便于管理人员对巡检任务的跟踪和确认。通过传感器对外界环境的感知构建传感器监测网络，通过对影响变电站运行的因素进行全方位三维模型展示可达到智能变电站辅助控制系统的要求。系统目标是整合变电站内的各种监测数据采集系统，结合三维可视化技术，实现监测数据的直观、集中、可靠展现，并提供对门禁系统、电子围栏、智能工器具柜、设备巡检等变电站常规业务系统的支持和扩展，能够与其他外部系统如综自、PMIS进行接口，以提高变电站的智能化程度，便于工作人员对站内各种信息的综合把握。

9.4.6 三维技术在智能变电站中应用设计

根据三维技术在变电站辅助控制系统中的需求分析，三维技术在辅助控制系统中的应用主要体现在使用三维虚拟场景和模型来直观展现变电站内场景和建设，将场景和设备的位置信息、状态信息、连接关系等直观展现在用户面前，并实现用户和三维模型之间的交互，让用户对设备的运行可以更直观地掌控。三维技术在系统中可有如下应用：

（1）交互操作。三维浏览界面可在B/S结构和C/S结构的客户端中进行展示，并对用户的操作进行响应，使用户对站内设备进行直观操控。

（2）设备状态显示。三维场景中对各个设备的监测数据、状态信息等进行直观展示，设备的状态变化信息直接以三维模型颜色、形态、动画等方式展现。

（3）数据展示。监测设备的各种数据可以以仪表盘、指示灯等形式在三维场景中动态展示，实现设备运行数据的实时在线监测。

（4）数据报警。系统根据数据库提供数据对设备运行状态进行分析，在系统中设定报警预警值，当采集数据在报警预警值范围内则发生报警，提示工作人员站内设备运行出现故障或有故障前兆，使站内工作人员能及时对站内设备进行检查维护。

（5）三维定位。在发生报警后，能根据报警信息在三维模型中定位至故障发生区，使工作人员全景全息地查看故障所能带来的影响。

（6）三维变电站展示。系统提供三维变电站场景的漫游功能，用户可以控制在变电站场景中的观察位置、视角等，能够以“变电站整体区域—房间—设备”的方式逐级进行展示，并具有旋转、缩放、切换场景等功能。

（7）自动巡游。系统可依据设定的路线自动进行变电站三维模拟巡游，生动地展现变电站内的场景信息和各设备情况，并可以回顾巡检人员的巡检路线。

（8）地图导航。可在导航图上显示出当前视点所在的位置和方向。可在导航图上设定热区，单击后快速到达指定的坐标。

（9）热成像云图模拟。系统根据采集到的设备和场景温度信息，可生成站内温度的热成像模拟云图，整体显示站内区域的温度分布。

（10）历史反演。可针对某一时刻前后在三维场景中进行数据的直观演示，再现故障前后的场景变化，可使工作人员对故障发生原因做具体分析。

三维技术的应用大都结合传感网采集数据，反映变电站的运行状态。若系统发生报警，则在报警信息后查看报警详情，并在三维模型上对故障点位进行三维定位，使工作人员全景全息地查看故障所能带来的影响，展现给工作人员一个直观、全面地变电站运行状况，达到变电站智能化的要求。同时在三维模型的应用下，还可以形成自动巡检、热成像云图、历史反演等二维辅助控制系统无法达到的功能。

9.4.7 智能变电站传感网的三维技术应用

通过三维技术在变电站辅助控制系统的需求分析，可知三维模型在变电站辅助控制系统中的应用与变电站传感器网络有千丝万缕的联系，以变电站辅助控制系统中环境监控中室内温湿度监控、智能运行辅助模块中的自动巡视、智能检修辅助模块中的电容器壳体变形监测为例说明传感器网络与三维模型结合应用所设计的具体功能及其业务流程 。

9.4.8 传感网技术

典型的无线传感器网络结构包括节点（sensornode）、汇聚结点（sinknode）、互联网或通信卫星和管理节点等，将传感器节点分布在网络的不同部分，用来采集被监测区域的相关数据，同时利用广域网或者卫星网络实现数据在信息收集节点（sink）和信息处理节点的传输，以便用户对采集到的数据进行处理。典型的无线传感器网络结构图如图 9 - 6 所示。

辅助控制系统中传感器网络主要由传感器、基站、工控机、数据处理服务器组成。智能变电站中传感网结构图如图 9 - 7 所示，传感器采集到的数据通过无线传输的方式被基站接收，基站通过 RS485 总线传送至工控机，工控机通过网线传送至数据处理服务器及数据库中，最终完成数据的采集处理。传感器数据采集主要指采集传感器设备监测到的数

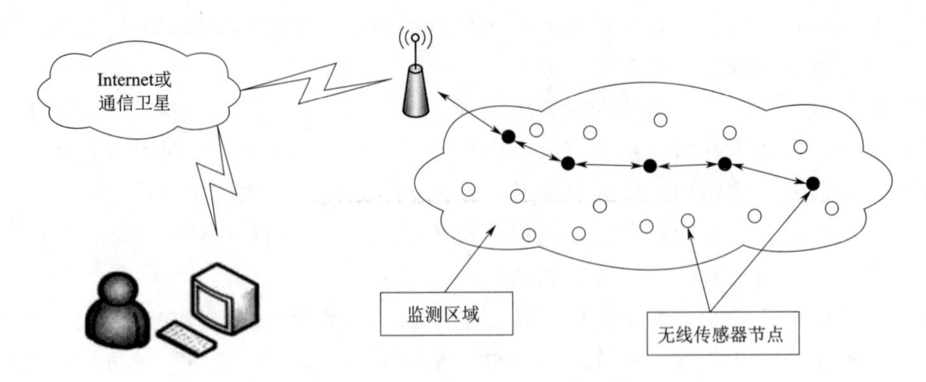

图 9-6 典型的无线传感器网络结构

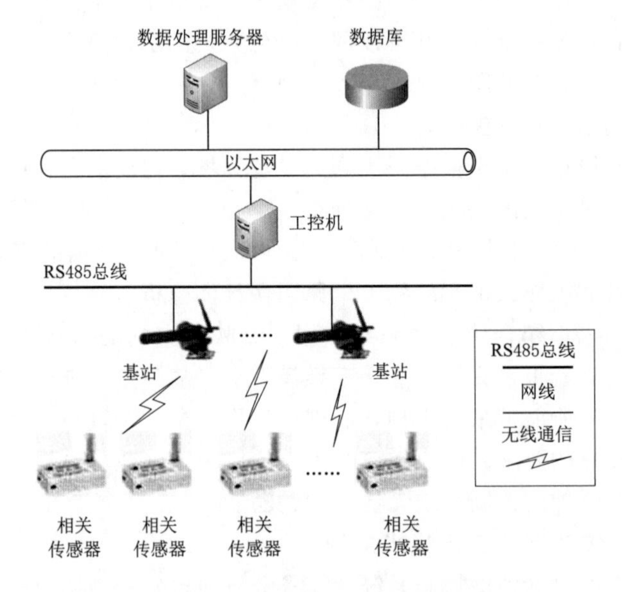

图 9-7 智能变电站传感网结构

据，例如门禁（电子门锁）的开启/关闭信息、RFID 读卡器读取到 RFID 标签时的通知信息、温湿度采集数据、水浸传感器监测进水情况、电容壳体形变量、避雷器发生放电动作的信息等。数据的采集可由硬件设备主动上传，也可由数据采集程序定时采集。其中系统中温度、湿度、水浸、壳体变形、雷击次数、消防、有害气体、开关柜温湿度等传感器数据由硬件设备主动上传；门禁数据、工器具柜数据由程序定时采集。

无线传感器网络由数据获取网络、数据分布网络和控制管理中心三部分组成。其主要组成部分是集成有传感器、数据处理单元和通信模块的节点，各节点通过协议自组成一个分布式网络，再将采集来的数据通过优化后经无线电波传输给信息处理中心。智能变电站中将传感器按其功能分为水浸传感网、温湿度传感网、电容器壳体变形传感网、烟感传感网等。

1. 水浸监测

水浸监测是利用无线水浸传感器、基站、无线通信网络与客户端管理节点共同组成无线传感网络，在此网络中无线水浸传感器主要用来实时监测一次设备室地面、电缆沟的水浸情况，当检测到浸水时发出报警信息。通过三维可视化平台，用户可以直观地看到无线水浸传感器当前的状态、状态改变的时间点等。

水浸监测的主要功能有：

(1) 获取各监测点的水浸状态并在客户端中进行展示。

(2) 当水浸状态发生变化时，在客户端中进行报警信息提示，并可在三维场景中进行快速定位。

(3) 当水浸状态发生变化时，可联动监控摄像头对该监测点位所在的场景。区域进行拍照和录像，并在客户端弹出视频信息。根据发生的区域和时间，联动灯光系统进行配合。水浸监测的业务流程为：系统定时获取各水浸监测点的水浸状态信息，将数据存储到数据库。当水浸状态变化时，在客户端中进行提示。当发生水浸时，系统在后台联动视频监控设备和灯光照明系统，对水浸监测的位置区域进行图像记录。

2. 室内温湿度监控

室内温湿度监控是利用无线温湿度传感器、基站、无线通信网络与客户端管理节点共同组成的无线传感网络。温湿度对变电站一、二次设备的运行情况有着极其重要的影响，因此利用无线温湿度传感器对相应场所的环境温湿度进行监测和控制是必要的。

室内温湿度监控的主要功能有：

(1) 获取各监测点位的温湿度数据，并在客户端进行展示。

(2) 可分别设定各监测点位的报警阈值条件，并根据各监测点位的报警阈值判断点位是否产生温度或湿度过限报警。

(3) 当监测点位出现数据越限时，系统在客户端进行报警提示，并可快速定位到三维场景中的报警点位。

(4) 当监测点位出现数据越限时，联动监控摄像头对该点位关联的场景、设备区域进行拍照和录像，并在客户端弹出视频信息。根据报警发生的区域和时间，联动灯光系统进行配合。

(5) 当监测点位出现温度过高的报警时，联动监测点所在房间的空调设备进行降温。

(6) 当监测点位出现湿度过高的报警时，联动监测点所在房间的空调设备进行排湿，联动风机进行通风。

室内温湿度监测的业务流程如图 9-8 所示，其具体流程为：系统定时获取温湿度监测点位的数据，在客户端进行数据展示，并将数据存储到数据库中。系统后台对数据进行分析判断，当监测数据达到设置的报警条件时，系统在客户端进行报警信息的提示，并在后台联动视频监控设备和灯光照明系统，对温湿度报警时的设备或场景状况进行图像记录。在温度、湿度出现越限报警时，系统还联动监测点位房间的空调设备和风机设备进行降温、排湿和通风。

3. 自动巡视

自动巡视是在三维场景中进行三维模拟巡检，通过收集传感网中各种传感器数据，如温度、湿度、视频、壳体变形等，同时联动待巡检设备周边摄像头、灯光进行视频图像采集，巡检完成后统一生成巡检报告。在三维场景中可以进行巡检任务的执行与历史重现，

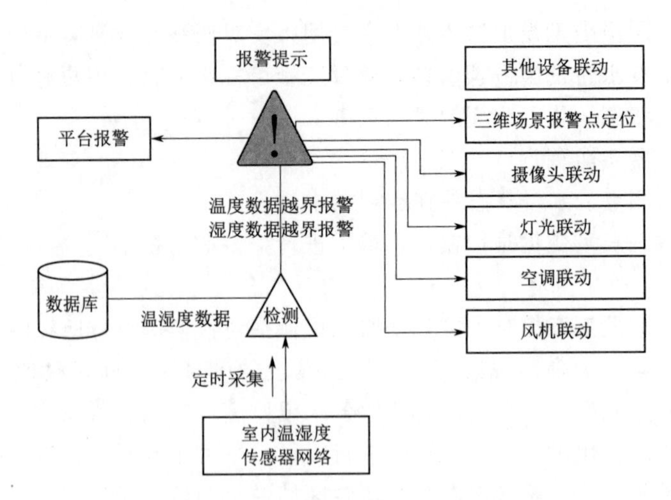

图 9-8 室内温湿度监测的业务流程

与 PMS 对接后可以根据 PMS 中巡检任务生成系统内相应巡检任务（巡检设备信息、巡检工作内容、巡检开始工作时间、巡检人员、缺陷描述、缺陷时间、缺陷结果等），也可以上传巡检结果（巡视人员、巡视设备、巡视内容、巡检结论、巡检开始和结束时间等）。

自动巡视的主要功能有：

(1) 自动巡视功能包括巡视任务管理、巡视任务执行和巡视任务查询等三个部分功能。

(2) 巡视任务管理指对自动巡视要涉及的设备的选择和管理，并定义自动巡视过程中采集的视频与监测数据等，还可设置巡视任务的定时执行。

(3) 巡视任务执行是系统在工作人员点击巡视任务执行时，系统遍历数据库，查询涉及的设备列表，并显示自动巡视过程中采集的视频与监测数据等，最后将巡检结果进行保存，供用户日后查询。

(4) 巡视任务查询可对系统中记录的自动巡视任务进行查询，可得到巡视任务的执行状况、巡视结果、巡视任务设置人等信息。

自动巡视的数据流向为：智能巡检过程中将收集变电设备的各种传感器信息，如温度、湿度、视频、水浸、烟雾、电容器壳体变形等信息，通过综合接入网关传入智能运行子系统中，智能运行子系统将传感数据、设备信息、巡检人员信息、三维信息进行互相关联，形成巡检任务报告，提供给运行人员或 PMS 使用。整个处理过程会将巡检时间、巡检设备信息、巡检人员信息、巡检描述、巡检结论等数据写入数据库，能够在三维场景中进行整个巡检过程的全程模拟，用户可以主动配置巡检路线、巡检设备等。

4. 电容器壳体变形监测

电容器壳体变形监测利用无线形变传感器、基站、无线通信网络与客户端管理节点共同组成无线传感网络，在此网络中监测电容器的壳体温度和壳体变形。通过三维可视化平台，用户可以直观地看到电容器壳体当前的状态。

电容器壳体变形监测主要功能有：

（1）获取各监测点位的温度数据，并在客户端中进行形象化展示。

（2）获取各监测点位的电容器壳体相对形变量，并在客户端中进行形象化的三维模型展示。

（3）可分别设定各监测点位的报警阈值条件。并根据各监测点位的报警阈值判断点位是否产生数据过限报警。

（4）当监测点位出现数据报警时，在客户端中进行报警提示，并可在三维场景中快速定位到报警点位。

（5）当监测点位出现数据报警时，联动监控摄像头对该点位监测的电容器所在区域进行拍照和录像，并在客户端弹出视频信息。根据报警发生的区域和时间，联动灯光系统进行配合。

电容器壳体变形监测的业务流程为：系统定时获取无线形变，温度传感器监测到的温度数据和形变量数据，在客户端进行数据展示，将数据存储到数据库中。系统后台对数据进行分析判断，当监测数据达到设置的报警条件时，系统在客户端进行报警信息的提示，并在后台联动视频监控设备和灯光照明系统，对监测数据报警时的设备或场景状况进行图像记录。

5. 传感器的布置原则

变电站中涉及一定数量的传感器，变电站辅助控制系统需对传感器采集数据进行报警信息提示及三维定位，因此传感器工作位置需要确定，传感器布置过程中应遵循一定布置原则，以无线温度传感器为例进行布置原则说明。

DWT100 无线温度传感器布设安装：无线温度传感器在设计方面采用了一体化设计等电位封装技术，同时满足微型化要求 ，因此在可以将无线温度传感器直接安装在设备发热位置处，如：开关触点、闸刀进出线、电缆接头等，可以借此实现温度的精确实时监测，实现设备温度、温差的实时在线监测。

无线温度传感器原则上可以安装在以往粘贴蜡质试温片的位置，由于无线温度传感器体积较试温片大，所以要注意对运动部件（如刀闸动触点）的干涉，保证不会影响到运动部件的行程，另外，无线温度传感器的最大高度约 50mm，最大直径 31mm，安装后要校对传感器各方向是否会减小绝缘间隙以至于导致放电或其他不安全因素。

因为使用了全不锈钢 IP68 封装，所以 DWT100 无线温度传感器可以布置在环境多变的室外或电缆沟槽中，实现对不同环境的监测功能。

（1）室内安装：在室内平板位置安装时采用了结构胶粘贴的方式，在安装过程中结构胶和表面活性剂结合使用，首先把待安装传感器表面的污渍清除，确保无油渍等杂质；之后用表面活性剂进行处理；然后涂胶，涂胶过程中注意要填满接触面微孔隙；最后用力压紧传感器，稍微搓动传感器挤压出多余胶水，紧压 1min 后初步固化，静置 24h 后便可在 100℃时承受约 4000N 的拉力，选择结构胶粘贴主要是因为其牢固可靠。

（2）室外安装：对于室外平板位置的安装采用类似室内的方式，但对于曲面上的安装则采用抱箍的方式，抱箍的材质选择非磁性的青铜或不锈钢材料，在紧固过程中注意要保证弹性的紧固，避免刚性紧固热胀冷缩后松弛。

（3）数据传输基站的安装布设：基站的安装选择远离带电设备、杆塔、导电墙体的位置，满足基站需要覆盖的范围广、电磁波视线良好的特点，安装高度应为2.5～3m，且满足易于安装和维护调试。另外室外安装应尽可能选择在集控厂房上安装。

6. 变电站传感网数据三维展示与定位

随着智能变电站全站信息数字化发展的要求，变电站中常用的一二次设备接线图的展现方式不能直观、全方位地展现变电站的运行情况，不能满足变电站智能化的要求。随着三维技术的迅速发展，选用三维技术全景全息、人机交互、和谐友好地展现变电站运行情况有其必然性。

三维可视化变电站辅助控制系统的目的是整合变电站内各种监测系统，结合视频监控系统和三维可视化技术实现监测数据的直观、集中、可靠展现，并提供对门禁系统、电子围栏、智能工器具柜、设备巡检等变电站常规业务系统的支持和扩展，以提高变电站的智能化程度，便于工作人员对站内各种信息的综合把握。

用三维数据描述现实中的物体，并在三维界面中将物体直接展现在用户面前，实现用户和计算机之间的交互，让用户对设备的运行有更直观的掌控。

变电站中使用三维模型，可充分表现出站内建筑及设备的空间可视化，也可以极大地丰富站内设备的数据展现形式；通过建立三维变电站，借助数字模型形象逼真地显示站内布局和设备位置，与模型相关的操作规程、操作记录、操作流程均可以文本、表格或其他多媒体形式保存在三维数字模型中，还可以在三维模型上实现相关操作的动画演示，提高变电站值班员的各项操作水平。

9.4.9 数据来源

变电站辅助控制系统中所需数据主要来自内部的传感网采集的数据、外部系统的PMS生产管理系统和综合自动化系统，在课题中主要以传感器网络采集数据为主。

传感器通信协议是指双方为完成通信所遵守的规则。通信协议一般规定了数据单元的格式、数据代表的含义、通信的连接方式，以及收发的时序，从而确保数据的正确传送。

传感器数据采集有串口和网口两种方式，其中采用网口方式的厂商一般会提供SDK开发包，SDK开发包会屏蔽底层的通信细节，非常方便用户进行二次开发，所以提供SDK开发包的方式是用户比较喜欢的一种数据采集方式。

串口通信比较简单，它指的是按位发送和接收字节的方式，串口通信要比并行通信慢，但是串口可以用一根线发送数据的同时用另外一根线接收数据，实现比较简单，能实现远距离通信，比如通过RS485方式传输的距离可达千米以上。串口通信是计算机中非常通用的设备通信方式，串口是仪表设备中通用的一种接口。

串口通信最重要的参数是波特率、数据位、停止位和奇偶校验。对于需要通信的两个端口来说，这些参数都必须是匹配的才能完成通信：

(1) 波特率是衡量通信速度的参数，它表示每秒钟传送位的个数。例如9600波特率表示每秒传输9600比特位。

(2) 数据位是衡量通信中实际数据位的参数。当计算机发送一个信息包，实际的数据不会是8位，标准的值是5位、7位和8位。如何设置取决于所要传送的信息，比如标准的ASCII码是0～127 (7位)，扩展的ASCII码是0～255 (8位)。如果数据使用简单的文本（标准ASCII码），则每个数据包使用7位数据。每个包是指一个字节，包括开始/

停止位、数据位和奇偶校验位。

(3) 停止位用于表示单个包的最后一位。典型的值为1、1.5和2位。由于数据是在传输线上定时的，并且每一个设备有其自己的时钟，很可能在通信中两台设备间出现了小小的不同步。因此停止位不仅仅是表示传输的结束，并且能提供计算机校正时钟同步的机会。适用于停止位的位数越多，不同时钟同步的容忍程度越大，但是数据传输率同时也越慢。

(4) 奇偶校验位是在串口通信中一种简单的检错方式。有偶、奇、高和低四种检错方式。当然没有校验位也是可以的。对于偶和奇校验的情况，串口会设置校验位，用一个值确保传输的数据有偶个或者奇个逻辑高位。

例如，如果数据是011，那么对于偶校验，校验位为0，保证逻辑高的位数是偶数个；如果是奇校验，校验位为1，这样就有3个逻辑高位。高位和低位不真正的检查数据，简单置位逻辑高或者逻辑低校验。这样使得接收设备能够知道一个位的状态，有机会判断是否有噪声干扰了通信或者是否传输和接收数据不同步。

常用的串口通信协议有标准通信协议和厂商自定义的私有协议两种。最常见的标准通信协议是Modbus，这是全球第一个真正用于工业现场的总线协议。在中国，Modbus已经成为国家标准《基于Modbus协议的工业自动化网络规范》(GB/T 19582)。Modbus协议是应用于电子控制器上的一种通用语言，通过此协议，控制器相互之间、控制器经由网络和其他设备之间可以通信。Modbus已经成为一种通用工业标准，有了它，不同厂商生产的控制设备可以连成工业网络，进行集中监控。此协议定义了一个控制器能认识使用的消息结构，而不管它们是经过何种网络进行通信的；描述了一个控制器请求访问其他设备的过程，如何回应来自其他设备的请求，以及怎样侦测错误并记录；制定了消息域格局和内容的公共格式。

当在Modbus网络上通信时，每个控制器需要知道它们的设备地址，识别按地址发来的消息，决定要产生何种行动。如果需要回应，控制器将生成反馈信息并用Modbus协议发出。在其他网络上，包含了Modbus协议的消息转换为在此网络上使用的帧或包结构。这种转换也扩展了根据具体的网络解决节点地址、路由路径及错误检测的方法。

在Modbus协议中一般有两种传输模式：一种模式是ASCII，另一种模式是RTU，即远程终端设备。ASCII模式对于高级语言编程方式很适合，RTU则适用于机器语言编程方式。两种传输模式的通信能力是同等的，选择时应根据具体情况而定，但需要注意的是这两种模式不能混用，也就是说，同一时刻只能使用一种传输模式。

用RTU模式传输的数据是8位二进制字符。如转换为ASCII模式，则每个RTU字符首先应分为高位和低位两部分，这两部分各含4位，然后转换成十六进制等量值。用以构成报文的ASCII字符都是十六进制字符。

9.4.10 应用实例

以黄村220kV变电站整体改造工程为例。

1. 三维施工静态管理

(1) 三维临建。

1）实现效果：建立临建标准化模块库，对项目临建场地进行平面建模，在平面图上对模块库进行摆放组合，形成新的三维临建布置图。

2）成果：在三维软件上的临建插件模块。

（2）三维安全文明指导手册。

1）实现效果：建立标准化安措布置模型，模型中包含安措材料、搭设规范、布置方案等，现场如存在相匹配的安全隐患点，通过pad选取出相应的模型进行指导施工、维护和检查验收。

2）成果：在三维软件上的插件模块。

3）实施点：孔洞、临边。

（3）盘扣式支模架搭设和计量。

1）实现效果：建立标准化的盘扣式支模架模型，包含支模架材料、搭设规范和整体效果图，并附有自动计量算法，根据实际情况输入长、宽、高即可算出各种杆件、部件的数量。

2）成果：在三维软件上的插件模块。

3）实施点：主变区域、GIS楼层。

2. 质量控制

（1）质量节点建模。

1）实现效果：对质量控制节点的部件进行建模，突破二维图纸的界限，直观地展示细节部件的空间位置，解决位置冲突的难题。

2）成果：三维模型。

3）实施点：梁板柱交接点、沉降缝。

（2）MR动画、漫游动画。

1）实施效果：将质量控制要点的施工过程制作成MR和漫游动画，动画中融入施工工序、技术规范、质量要点等要素，通过MR眼镜沉浸式感受和动画演示进行教学和施工交底。

2）成果：MR眼镜＋动画。

3）实施点：生产综合楼框架、沉降缝。

（3）信息二维码。

1）实施效果：根据不同专业、不同需求，将图纸、交底、人员等信息分类成册，生成相应的二维码，二维码标签贴在现场，工作人员可以用手机进行扫描，随时提取相关信息。

2）成果：二维码生成器、模块软件。

3）实施点：项目介绍、图纸、交底、人员信息等。

（4）GIS安装监测（监测点位移动）。

1）实施效果：在GIS部件上贴上感应信号，可以检测GIS部件的位置，从而判断安装质量。

2）实施点：GIS安装或屏柜安装。

3. 整站三维建模

实现效果。依托设计的原始三维设计图，建立有助于实现全景和细部功能的三维模型。

4. 智慧工地

(1) 环境监测及降尘除霾系统。

1) 实施效果：实时监测施工现场温度、湿度、PM2.5、PM10、风力、噪声等，当污染程度超过设定的预警值时，雾炮和喷淋降尘系统会自动启动。

2) 成果：环境检测基站＋两台雾炮＋喷淋设备。

(2) 塔吊限位防碰撞及吊钩可视化系统。

1) 实施效果：提供塔机安全状态的实时预警、吊钩可视化等功能，并进行制动控制，防止塔机碰撞、塔机超载。

2) 成果：传感器＋视频监控。

(3) 场区无线智能广播。

1) 实施效果：可以播放安全、质量学习文件，表扬先进和制止现场违章，下班后可播放时事新闻。

2) 成果：扩容音响＋指挥中心麦克风。

(4) 智慧工地显示大屏。

1) 实施效果：显示安全警示标语、违章信息、空气质量等。

2) 成果：显示大屏幕。

(5) 人脸识别。

1) 实施效果：关键岗位人员实施人脸录入，实现刷脸进出场。

2) 成果：人脸识别柱。

(6) 智能安全帽。

1) 实施效果：在安全帽中放入芯片及相关配件，拥有人员定位、行为轨迹监测、语音提醒、头顶摄像、小矿灯照明等功能。

2) 成果：智能安全帽＋布控探头。

(7) 智能工器具管理柜。

1) 实施效果：将实测实量工器具纳入管理柜，记录工器具的合格证、有效期、检测结果，工器具领用、发放、维护由专人负责。

2) 成果：工器具管理柜。

(8) 二维码管理。

1) 实施效果：将进场的机械、材料现场配电箱等生成二维码，二维码上记录进出场时间、合格证、复试报告、负责人等信息。

2) 成果：二维码生成器＋信息录入软件。

5. 应用结果

三维施工和智慧工地的应用为项目管理提供了增值服务，其中三维安全文明施工管理手册的投入使用，对现场临边、孔洞的维护起到了指导作用，管理人员拿着 pad 就能对现场的隐患点进行排查，改变了之前“不会做、做不对、破坏后不会修复”等状况。

视频识别的边界预警功能对现场安全管理非常有帮助，特别对变电站改造工程，针对带电区域、高空临边作业、深基坑等情况，定义了边界就能自动识别闯入人员并触发报警，解决了人为管理疏忽的问题。

三维建模和动画演示相结合的创新模式，改变了技术人员和作业人员之间口述介绍、图文信息、实物照片等传统的交底和教育方法，能让工作人员提前发现施工问题，从而作出相应的方案修改，使得现场施工效率更高、质量更优。

改进建议：

（1）节点建模的数量不够，最好从设计端发起，增加重要节点的建模图、透视图。

（2）智能安全帽的设计应更轻巧，适合工作人员佩戴。

（3）视频监控的算法识别度不够，除了不佩戴安全帽，别的违章很难被发现。

（4）人脸识别系统的操作太复杂，人员拍照、身份证等信息的采集和录入更方便、快捷。

（5）各个系统不兼容，有较多重复性工作，比如工器具管理、安全、质量问题录入等。

第10章　新技术应用与施工技术创新

（1）结合苏溪变工程实际，制订新技术应用目录及绿色施工科技创新计划，立项开展有关绿色施工方面新技术、新工艺、新材料、新设备的开发和推广应用的研究，编写并申报相应专利、QC及工法，不断形成具有自主知识产权的创新技术、新施工工艺、工法，并由此替代传统工艺，提高各项量化指标。

（2）应通过采用“建设部推广应用和限制禁止使用技术公告”中的推广应用技术、“全国建设行业科技成果推广项目”或地方住房和城乡建设行政主管部门发布的推广项目等先进适用技术，采用BIM技术以及积极采用“电力建设五新技术”和“建筑业10项新技术”中涉及绿色施工的新技术，实现与提高绿色建造过程施工的各项指标。

（3）立项开展智慧工地项目研究，积极采用信息化技术手段提升绿色建造施工技术水平。积极采用“预制舱”式临建设施等预制装配技术提升绿色建造施工的工业化水平。以人为本，建造智能健康绿色建筑。不断革新传统工艺，提高绿色建造过程施工的各项指标。

（4）根据《深入推进35～500千伏输变电工程机械化施工实施方案（试行）》，采用机械化施工技术，开展技术攻关、创新活动，在施工现场节能降耗方面有一定成效。

（5）建设期间采用项目管理系统、智慧工地平台、基建全过程数字化管理平台等综合信息管理系统，大力推进“绿建码”应用，量化评估各工程建设全过程节能控碳效力，为工程建设节能减排与绿色低碳发展提供数据支持和决策支撑。

（6）落实《35～500千伏输变电工程感知层设备标准化配置实施推荐意见（试行）》所规定的标准化感知层设备，包括人脸识别柱、进出闸机、视频监控、小型环境气象站、喷淋设备、雾炮、公共广播、周界安防等系统。

（7）施工方案应建立推广、限制、淘汰公布制度和管理办法。发展适合绿色施工的资源利用与环境保护技术，对落后的施工方案进行限制或淘汰，鼓励绿色施工技术的发展，推动绿色施工技术的创新。

此外，我国已对变电站新技术有了广泛应用与施工的技术创新。

1）智能化建设：如广东省南海区大沥变电站、河北省衡水市高压变电站等。这些变电站在设计和施工阶段就采用了智能化监控系统、智能化调度系统、智能化维护系统等，提高了变电站的安全性和稳定性。

2）预制化建设：福建省福鼎市500kV变电站、山东省威海市华泰变电站等。预制化建设可以实现组装化、模块化施工，提高建设效率和质量。

3）信息化建设：江苏省常州市金坛变电站、湖南省常德市110kV变电站等。这些变电站采用了 BIM 技术、云计算技术、物联网技术等，提高了变电站的管理效率和信息化水平。

4）环保节能建设：江苏省苏州市高新区变电站、浙江省余姚市变电站等。这些变电站采用了太阳能发电系统、风能发电系统等，降低了对环境的影响，实现了可持续发展。

参 考 文 献

[1] 顾中一. 220kV智能变电站继电保护调试关键问题分析及建议 [J]. 现代工业经济和信息化，2022，12 (12)：157-158.

[2] 黎晓铭. 浅析电力工程变电运行技术 [J]. 城市建设理论研究（电子版），2013 (16)：77-78.

[3] 林昌榕. 智能变电站电气设备安装与调试技术要点 [J]. 光源与照明，2023 (2)：151-153.

[4] 杨毓娟. 三维技术在智能变电站传感网中的应用研究 [D]. 保定：华北电力大学，2013.

[5] 邵全，纪陈云，李军. 三维全景及全景动态融合技术在智能变电站管理中的应用 [J]. 电子技术与软件工程，2018 (4)：168.

[6] 刘琪，陈洪伟. 智能变电站故障检修系统运维技术分析 [J]. 光源与照明，2022 (12)：142-144.

[7] 杨轩，裴海玲. 智能变电站稳定运行存在的问题与对策分析 [J]. 现代工业经济和信息化，2022，12 (10)：285-287，328.

[8] 顾德扬. 基于人工智能技术的变电站改扩建违章行为智能化识别研究 [D]. 南京：南京邮电大学，2022.